牛津式高效沟通

如何有逻辑地说服他人

〔日〕冈田昭人◎著　许天小◎译

オックスフォード流 自分の頭で考え、伝える技術

中国友谊出版公司

图书在版编目（CIP）数据

牛津式高效沟通 /（日）冈田昭人著；许天小译.
-- 北京：中国友谊出版公司，2018.7

ISBN 978-7-5057-4432-5

Ⅰ.①牛… Ⅱ.①冈… ②许… Ⅲ.①思维方法－通
俗读物 Ⅳ.①B80-49

中国版本图书馆CIP数据核字(2018)第161265号

著作权合同登记号　图字：01-2018-5262

书名 牛津式高效沟通
作者 [日]冈田昭人　著
译者 许天小　译
出版 中国友谊出版公司
发行 中国友谊出版公司
经销 北京时代华语国际传媒股份有限公司　010-83670231
印刷 北京中科印刷有限公司
规格 880×1230 毫米　32 开
8 印张　150 千字
版次 2018 年 9 月第 1 版
印次 2018 年 9 月第 1 次印刷
书号 ISBN 978-7-5057-4432-5
定价 42.00 元
地址 北京市朝阳区西坝河南里 17-1 号楼
邮编 100028
电话 （010）64668676

序言

牛津大学的毕业生，为什么在数年之内就能掌握实践“知识”的技能？

“牛津”，大家听到这个词的时候，会有怎样的印象呢？

英国的悠久历史和传统、世界顶级水准的学术、贵族和皇室就读的大学，如此种种，牛津大学总给人一种超越日常生活的印象，就如同另一个世界般的存在。

牛津大学（简称 OXON）已经建校好几个世纪，在最尖端的知识和技能的传授、创造性的开发，以及国际性人才的培养方面，该校为全球所熟知，并备受推崇。

本书基于笔者在牛津大学学习的经验，将向读者朋友们介绍“自主思考并表达意见的技能”，衷心希望大家在掌握后能够加以实践。

历经无数时代传承下来的牛津大学特有的思维方式和表达技能其实并不复杂，在日常生活中不论何时何地，只需要掌握一些窍门，任何人都能做到。本书的目的就在于让读者朋友们掌握上述能力。

牛津大学位于伦敦西北部，乘坐电车大约需要 1 小时便能到达，即便在现代社会，这里也洋溢着中世纪的美丽风情。和日本的大学相比，牛津大学采用完全不同的“College 制”（住宿制学校），是一所非常独特的大学。根据每年发表的英国教育专业杂志 *Times Higher Education* 等所公布的世界大学排名，牛津大学与哈佛大学及剑桥大学等名牌大学齐名，在研究水准、教育质量、教学环境完善度、以留学生和外国籍教员为指标的国际化程度等方面，都处在全球顶尖行列。全球无数的优秀学生就读于此，他们都胸怀大志，勤学苦读。

牛津大学的学生在就读期间，每天都会接受严格的知识拓展训练（tutorial）。对学生进行指导的教授阵容也都是顶尖水准的研究人员。双方在认真反复交流的过程中，产生新的创意，并开发出革新性的技术。这种训练方式的背景在于：从漫长的传统中所构建起的不断追求“知识”的热情、独特的教育手法，以及支撑这一切的毫不动摇的哲学。牛津大学之所以在世界大学排名中始终名列前茅，其理由就在于此。

据说，“津(ford)”意为渡口，泰晤士河和柴威尔河在此会合，当时河水不深，用公牛(ox)拉车即可涉水而过，“牛津(Oxford)”

由此得名。现在，牛津市的市徽上仍然刻有牛和河流的图案。

当你听到牛津这个地名的由来时，是否会觉得有些亲切呢？

因此，为了让读者在阅读本书时，能够更加形象地联想到“牛津”，能够更加浅显地理解“自主思考并表达意见”的含义，书中将会有一头“牛津小牛”登场。

引领全球“知识”走向的牛津学子

至今为止，牛津大学为全球培养出了众多的政治领袖和商界精英。玛格丽特·撒切尔夫人和托尼·布莱尔等英国国内的26位首相均出身于牛津大学。除了因“一只看不见的神之手”而闻名于世的亚当·斯密，以及著有《利维坦》的著名哲学家托马斯·霍布斯等有名的历史性人物之外，著有《爱丽丝梦游仙境》的数学家兼作家的刘易斯·卡罗尔、著有《指环王》的约翰·罗纳德·瑞尔·托尔金、出演《憨豆先生》的罗温·艾金森等人都毕业于牛津大学。

除此之外，牛津大学还培育出了缅甸民主运动领导人昂山素季、患有顽疾却不断探索宇宙起源的理论物理学家斯蒂芬·霍金等 50 多位诺贝尔奖得主。同时，还有橄榄球等运动领域的最顶尖级别的运动员也就读于此。牛津大学真是一所文武双全的大学。对日本人来说，这就如同能够和皇太子夫妇一同学习的梦幻般的大学。

牛津大学聚集了来自全球的精英。除了欧美等国的学生以外，还有来自亚洲、中东、非洲等地区的万里挑一的优秀学生，他们每天都在相互勉励、共同进取。教授阵容也是超出想象地出色，在研究和教育领域简直是无出其右，这些“最强大脑”们聚集在一起，为学生们解惑授业。

牛津大学的毕业生则囊括了众多在商界和金融界最前沿大展身手的精英、医生、律师、大学教授、艺术家等，不论男女，都取得了举世瞩目的成就。索尼公司的会长（原CEO）霍华德·斯特林格就曾在牛津大学（研究生院）学习近代史。

牛津大学和剑桥大学合称“牛剑”，但是两校的毕业生一同将同学会网络扩展到了全世界，通过定期聚会的方式来积极地交流信息和扩充人脉。当然，他们的影响力在政治、经济、医疗等各个领域都是无法估量的。

牛津大学的学生们之所以在大学毕业后能够在各自的领域中大展身手，其原因正是本书前文所提到的“自主思考并表达意见的技能”。换句话说，这都得益于他们在大学就读期间所掌握的实践“知识”的技能，因此才能在各自的领域中发光发热。那么究竟该如何掌握和发扬牛津大学的这种技能呢？在本书中，笔者尤其重视关于这一点的解说。

在此，请允许笔者做一下简单的自我介绍。

我从日本的大学毕业后，买了单程票，前往美国，在纽约大学研究生院主修异文化交流，并取得了硕士学位。随后进入英国的牛津大学教育学研究生院（GSES）就读。我之所以选择牛津大学，是因为这里聚集了来自全球的精英，在这里能够不断积累和深化知识体系，与他人互相切磋和激励，让自己接受最好的锻炼。

在博士课程中，我主修比较教育学，学位论文的主题是日本与英国的教育政策的比较研究。并且我是第一个在 GSES 取得博士学位的日本人。

我现在任教于东京外国语大学（东外大），教授内容包括比较国际教育学和异文化交流学等学术领域。在东外大，可以学习到大约 30 多个国家的语言和地域社会文化。学生在一二年级的时候，主要学习外语，打下坚实的基础；到三年级的时候，学生们一般会选择去所学语言的国家留学一年左右。回国时，其语言能力已经完全达到自如交流的水准。同时，东外大的校园里还有不少外国来的留学生，营造出国际化的学习环境。

我将在牛津大学就读时所掌握的各种知识技能实践于每日的教学工作中，当我的学生掌握这些知识与技能时，我总是感到无比欣慰。

其实，在出国留学之前，我都不太爱学习（或者说是彻底不爱学习）。现在回头来看，或许是因为我自身并不适应日本的教育制度和学习方式。我真正从“学习”中体验到快乐时，是离开日本，在国外留学期间。

在日本的学校里，老师单方面向学生传达知识的“填鸭式”教学方法非常主流。这个方法能够在短时间内对大量学生高效率地传达一定的知识，这是其优点。但是在这种教学方法中，学生无法自主地发现和解决问题，也无法学会积极地发表个人看法的能力。

另外，在欧美等国家的课堂上，一般是让学生和学生进行交流，老师在一旁提出建议的过程中，学生加深对知识的理解，也就是所谓的“学习者中心型”教学方法。此外，老师会让学生们互相发表意见，互相进行评论，学生从小接触的就是这样的教学方法。这种方法虽然无法实现“填鸭式”教学法中高效的知识传达，但是却能激发学生的“创造力”和“讨论能力”，以及将自己的意见传达给他人并说服他人的“沟通能力”。

很显然，这种教学方法上的区别，对于日本和欧美学生的人格形成都产生了强烈的影响。尤其是毕业之后步入社会时，这种影响就会越加显著。

在国际性的商业洽谈、学会、联合国部门会议等场合中，拥有各种文化背景的人们正在不断交流。为了让自己的立场处于优势地位，有时候还会展开激烈的讨论。我在国际性的学术讨论中，也曾受到外国研究人员的严厉批评和评论。这个过程会带来巨大的压力，我当时作为初出茅庐的研究人员，实在是够呛。

我在学会发言中曾仔细观察过，我发现欧美的研究人员总是非常虚心地听取他人的批评，并且非常客观地加以反驳。这种氛围就如同小孩在玩某种游戏一般自然。

这种现象的背景在于：人们在不断交流对话的过程中，让彼此的思考升华到“更高的维度”，这是一种来源于古希腊和古代拉丁民族的、关于思考的文化传统。简而言之，互相“批评”是有利于彼此知识扩充的“好事”与“乐事”，这也是一种哲学的见解。

牛津大学教导学生如何“找到突破口”

日本和欧美国家之间在教育方面存在巨大的鸿沟，当然，在商务场合中，交涉方法、讨论方法、行为举止、着装等也存在明显的差异。考虑到这些商务礼仪相关的要素都是由欧美国家制定标准，因此日本实质上处于弱势。

在政治、外交、经济、商业、教育等社会的各种领域中，由欧美国家所主导的全球化势头有增无减。鉴于这样的世界形势，为了能够和欧美人平起平坐地进行竞争，掌握牛津大学式的“自主思考并表达的技能”显然是很有必要的，因为这种技能能够应用于各种社会场合。

在本书出版之前，笔者还写了一本书，叫作《培养改变世界的思考能力：牛津大学的教育方法》（朝日新闻出版社）。这本书主要介绍牛津大学的教育方法，我基于在牛津大学留学的经历，还加入了不少真实的事例。简而言之，牛津大学的教育理念就是“打破常识”（详细内容请见上书）。在这本书中，我对如何培养出不拘泥于常识的人才的“教育方法”进行了详细的解说。

但是本书不是站在“老师”的角度，而是站在“学生”的角度来书写的。书写的过程中，我尤其重视这样一点：在牛津大学接受教育的学生拥有怎样的“思考方法”，又是如何将自己的思考有效地传达给他人。

关于牛津大学式的“自主思考并表达意见的技能”，其精髓在于“找到突破口”。

我们在每天的日常生活中，尤其是在与人交流的过程中，总要面对各种困难和课题。甚至连夫妻、亲子、兄弟姐妹等比较亲密的人际关系有时候也处理得不太好。显而易见地，上司与部下、老师与学生以及同事之间的关系就更加难处，状况也会更加复杂化和问题化。

牛津大学的学生通过每日严格的训练，主动“break through”人与人交流时的障碍，也就是掌握了出色的“突破”技能。

同时，在牛津大学学习的过程中，学生将“自主思考并表达”意见时所产生的各种障碍，理解为提升自我的机会，并主动地克服障碍、审视障碍，跨向下一个人生高度，而这样的精神在牛津大学备受推崇。

找到突破口的流程

如今在学术和商务场合中，交流方式已经发生了巨大的变化。面对组织的整合与解体、全球化的人才交流、工作方式的多样化等，以往的交流方式越来越不起作用了。

在这样的环境中，牛津大学式的“自主思考和传达的技能”是一种极其有效的武器，它能够让你克服在沟通过程中的各种障碍，让对方按照你的思路行动。

本书将说明5种方法，让你将自己的想法准确地传达给对方，让对方按照你的思路行动，并形成有效的沟通战略。这5种方法分别是：“计划”→“生产”→“包装”→“流通”→“售后服务”。乍一看，就像是某种商业产品的“生产流通管理系统”。

对笔者而言，牛津大学式的“自主思考和表达意见的技能”是一种用于突破沟通障碍的“思考和表达的流程”。

该流程由以下的一系列步骤构成。

①准备（计划）→②思考（生产）→③组织语言（包装）→④表达（流通）→⑤反馈（售后服务）

①为了“自主思考并表达意见”，而必须具备的“准备的

技能”。

②在自由的学习环境中所培养的“自主思考的技能”。

③基于严格的知识拓展训练，将自己的想法“组织成语言的技能”。

④通过和他人的沟通所培养的“表达的技能”。

⑤审视自身的行为，实现自我提升的“反馈的技能”。

综上所述，牛津大学式的“思考·表达流程”是指在做好充分准备的基础上，自主进行“思考”，并“组织语言”，然后“表达”给对方，最后回顾整个流程（反馈）的过程。

在牛津大学就读的莘莘学子身上，也能找到上述“思考·表达流程”。在世界上任何地方，他们都在不断培养自己的技能，来充分发挥自身的实力和存在感，开拓自己的道路。

最近在书店里，笔者常常看到“思考的方法”“表达的方法”和“反馈的方法”（改善方法）等各种按主题分类的书籍。在商业和研究等各种领域中，这些书籍的内容确实都是非常重要的技能。但是将这些技能彼此联系起来，综合性地向人们进行解说的书籍却较为少见。

本书的目的在于：将在“自主思考”后进行“表达”，然后再进行“审视”和“反馈”的流程融为一体，将各个阶段中所必备的技能简单易懂地介绍给读者。

本书基于笔者在牛津大学就读时的实际经验，将“自主思考和表达意见的技能”分为 6 章，共 30 个小节，向读者们进行介绍。此外，从第 2 章开始，各个小节的标题中都包含了该小节的重点。因此，不管从哪个小节开始阅读，都不影响理解。笔者在编写过程中加入了不少轶事、插图、图片和练习等内容，旨在让读者更易理解和轻松掌握本书精华，因此本书是一种全新类型的社科类书籍。

如果读者在阅读本书后，能够将 5 个步骤所构成的“牛津大学式自主思考和表达意见的技能”的诀窍实际运用于上司和部下、教师和学生、父母和子女等日常人际关系中，笔者将备感欣慰。

作者

冈田昭人

目录

第 1 章　思考，是为了更好地表达

第 2 章　不擅长沟通的人往往都是“准备不充分的人”

第 3 章 灵活的思维，有助于你巧妙地表达

第 4 章 独特的语言组织技能，让所有人都听你的

第5章 充分运用语言魅力，让对方马上行动起来

第6章 突破隔阂的“反馈技巧”

第 1 章

思考，是为了更好地表达

Dominus illuminatio mea.

上主乃我的光

（牛津大学校训）

1. 学会自主思考和表达意见的技能，能让你终身受益

“我的心中有一处铭刻记忆的地方

既有时刻变化之物 也有永恒不变之物

既有失却不见之地 也有隽永于世之地”（笔者译）

这是全世界知名的英国乐队披头士的 *In My Life*（《在我的生命中》）这首歌中的几句歌词。

不论是谁，都有一些记忆深刻的场所，如幼年成长的地方、度过青春时代的地方、安家立业的城市等，每个人都有难以忘怀的所在。

对我来说，牛津大学就是“在心中铭刻记忆的地方”之一。

人生总是有许多难以想象。

以前我从未想过会在“牛津大学就读”或者“和来自世界各地的精英们进行交流”。在日本泡沫经济时期，不太爱学习的我愉快地度过了大学时光，当时根本没有想象过未来会是怎样。或许当时的我就是个随处可见、其貌不扬的日本大学生。随后，其貌不扬的我来到了牛津大学。当我实际地披上了黑色长袍，参加庄严肃穆的开学典礼时，我甚至在想：“为什么我会在牛津大学？”

中世纪风格的壮丽建筑和美丽的尖塔、各种传统仪式、世界屈指可数的师资力量、充满使命感的学子、广袤的牧场、嬉戏的水鸟、响彻四方的钟声。牛津大学的环境和文化与我此前的人生简直有天壤之别。

牛津大学重视人性的“成长”

牛津大学的教学与日本的教学存在很大的区别。在日本的学校里，主流教学方式是以学生听老师授课为主，但是在牛津大学，学生们却需要查阅大量的文献，然后编写报告，还要与指导教授及同学们进行讨论。

也就是说，牛津大学的学生们是通过与他人的“对话”来进行深入思考，并进行表达的。学生们在养成这个习惯的同时，人性也得以“成长”。具体而言，这里所说的“成长”，就是牛津大学的在校生和毕业生（以下简称“牛津学子”）所共同拥有的能力，即“自主思考和表达意见的技能”。如果总是自己独自思考问题，就容易变得“敏感与脆弱”，但是如果积极地和他人进行对话，就能培养出应对各种状况的“稳健与灵活性”。

不论是商业场合也好，还是研究领域也罢，或许这样的学生在世界上的任何地方都能充分发挥其实力，都能收获这样一句称赞：“不愧是牛津大学的毕业生，真厉害！”

但是，笔者在此并不想说明牛津大学的学生有多出色，而是想告诉大家，促进“成长”的牛津大学的教育方式与能力及经验并没有什么关系，任何人只要稍微掌握一些诀窍，就能实现这样的成长，并实践于生活之中。并且这样的教育方式是令人受益终生的“武器”。

实际上，当笔者回首自己的人生时，发现在牛津大学的学习经验和获取的知识以及运用于人际关系中的“自主思考和表达意见的能力”，在各种场合中都发挥了巨大的作用，有时候甚至帮助笔者摆脱了人生的困境。

或许这股力量，就是*In My Life*的歌词中所说的“在心中铭刻记忆的地方（所在）”。

在商务、教育、交流等各个方面，笔者的心中都有一个能够随时返回的原点。笔者希望在阅读本书后，每位读者也能找到各自内心的“所在”，即“原点”。

2. 表达之前，先培养自己思考和发现问题的能力

在牛津大学的校舍里，每年都有各种课程、研讨会和演讲在举办。每学期开学前所分发的课程一览表（类似于提供开课时间和地点等信息的手册）都非常厚实，要安排好所有的听课时间几乎是不可能的。

牛津大学既有政治学、经济学、工学等日本大学也有的普通学科，也有许多如神学、修辞学、希腊语、拉丁语、美学等不太常见的课程。

和日本的大学不同，牛津大学并没有硬性要求学生必须去教室里听课。因为只是听课的话，是很难获得更好效果的。反而是被称为“指南”的对话型课程最受重视（关于“指南课程”，

将在本章第 4 节进行详细说明）。学校鼓励学生们选择自己感兴趣和关心的课程，至于是否出席则完全取决于个人安排。

学问的基础是哲学

当时，我进入牛津大学已经快半年时间。除了我所在的教育学研究生院的课程以外，我还想尝试一下其他学院所开设的课程。于是我选择了哲学。因为哲学在牛津大学被誉为最高等的学问，并且也是最难的学问。

在此之前，我从来没有认真地学习过哲学。只要不往学者或者研究人员的方向发展，在现代社会里哲学知识几乎没有什么用武之地。我曾经也是这么想的。

牛津大学里有一条被称作“哲学之路”的小路。这条小路是位于由日本皇太子曾经就读过的马顿校舍和牛津大学最有名的克莱斯特校舍之间的细小的石板路。

我当时选修的课程叫作“18 世纪的英国哲学”。走进教室的时候，只有三四名学生坐在那里，其中还有一位老年人。过了一会儿，走进来一位很有哲学家风范的教授，并且马上就开始授课。不过惭愧的是，我完全听不懂教授在讲些什么。不管怎么集中注意力，因为授课内容包含了大量的专业词，我甚至觉得自己听到的不是英语。正因为我曾经在美国留过学，而且已经比较适应牛津大学的学习环境，所以更受打击。此后我还是坚持去听课，但是每次都只能茫然地坐在那里而已。

如今，在牛津大学，哲学仍然是一门备受尊崇的学问。

因为原本哲学就被誉为所有学问的基础。出身自牛津大学的伟大科学家们也都是哲学家。探究事物和人类本质的哲学，被人们定位为先于现代经济学、经营学、教育学、理工学等所有的学问。

本书的主题，牛津大学式的“自主思考和表达意见的技能”正是诞生于这样的传统与学问性的习惯之中。

在深奥的哲学课课堂上，笔者渐渐体会到了以下三点。

①“拼搏奋斗”本身就有意义

即使听不懂课程内容，即使理解不了教科书的内容，也要把自己当作一张白纸，去拼命学习。这种行为本身是非常重要的。

我有一位毕业于牛津大学商学院的朋友。通过和他的交谈，我发现原来在牛津大学所学习的哲学在商业场合中也是非常有用的。

商业本身就是一种不断解决问题的持续拼搏。要想找到解决问题的线索，除了分析以往曾经发生过的类似案例以外，还

可以分析同一个行业的案例，甚至完全不同行业的案例。通过这种全面的分析，有时候还会有全新的发现。

据说许多企业的管理者都有自己的哲学和历史观，他们能够从大局角度来提出敏锐的建议，并且往往都能奏效。在牛津大学主修历史和哲学的人也能活跃于商业领域，这或许就是其秘诀所在。

②培养能够克服两难境地的思考能力

因“白热教室”而闻名全球的哈佛大学的迈克尔·桑德尔教授也毕业于牛津大学。他的课主要采用与学生“对话”的方式进行，非常具有活力，深受学生喜爱，教室里总是座无虚席。

桑德尔就读于牛津大学时，曾经研究过“政治哲学”。关于“哲学”这门深奥晦涩的学问，该如何让它变得简单易懂，让教学充满热情呢？桑德尔的政治哲学这门课的特征在于：以人类不得不面对的“两难境地”为题材，在与学生进行讨论的同时，让其加深对人类本质的理解。所谓的两难境地，简而言之就是左右为难、不知如何是好的情况。

让我们来看一看桑德尔的课程内容吧（参考：《关于今后的“正义”》，迈克尔·桑德尔著，鬼泽忍译，早川书房出版）。

对于以下的情况，大家会怎样思考呢?

【状况 1】

印度有个贫穷的农夫，他的儿子很想去念大学，但是没有学费，他只好将自己其中一个肾脏切除，并卖给了急着给女儿进行脏器移植手术的美国人。这个美国人的女儿患有重病，但是移植肾脏后就有治愈的希望。

恐怕对于这样的行为，有不少人都会认为“能够让两个家庭都变得幸福，这也是无可奈何的吧”。但是，这个故事还没有结束。

【状况 2】

其实，这个农夫还有一个儿子，也想要去念大学。此时，又有一个希望购买肾脏的人出现了，他希望用高价买下农夫剩下的一个肾脏。因为农夫只剩下一个肾脏了，一旦切除就会丧命。

请大家设身处地地想一想，你会允许【状况 2】发生吗？还是持否定态度呢?

桑德尔的课程往往是将这样的两难境地放在现实环境中，让学生们去思考什么是“正义”，同时告诉学生们这样持续思考的重要性。

综上所述，牛津学子最重视的能力之一，就是不论面对多么绝望的状况，都要不停地进行思考，直至最后一刻。

③培养发现问题的能力

哲学追求的是人类的“理想”，它的使命就在于思考实现这个目的的方法。在日常生活中，这样的思考训练最终能够培养起我们发现问题的能力。

这里所说的“问题”是指“理想”和“现实”之间的“差距”。只有认识到“差距”，才能发现问题。因为“理想”可以理解为“应有的状态”，所以如果对人类“应有的状态”不关心的话，就无法察觉到“问题”的所在。

如今，日本的大学非常重视培养能够在实际社会中马上运用的知识与技能。这样一来，学生就会往这些实用性强的学科上扎堆。

与之相对，在牛津大学里哲学之所以能够受众人尊敬，是因为每个师生都在思考“事物与人类的本质”，希望解答由此产生的“问题”，而这种问题是功利性的知识所不能解答的。

在以下的小节中，笔者将以尽量详细的事例，来解说牛津大学式的“思考人类本质的训练方法”。

3. 高效学习才能产生有助表达的创意思维

以下是牛津大学的教育学研究生院的一段课堂对话。

教授："请简单地解释一下什么是绝对命令。"

学生："绝对命令是指哲学家康德在伦理学上的……（以下省略）"

教授："不错。你每天学习多长时间？"

学生："最少也要学习 6 个小时。"

教授："那么第二个问题，学习是什么？"

学生："……"

从我们渐渐懂事的时候开始，家长就会经常重复一句话："你要好好学习。"在人们的印象中，日本的教育被称为"应试地狱”，小孩从幼年时期就被迫参与竞争，为了进入更好的学校，每天都要去学院上课补习。

但是就如上文所说，很少有学生能够答得上来“学习是什么”。

不懂“学习”乐趣的日本人

美国的教育学家本杰明·布鲁姆将教育的目标分为“头脑、心灵、身体”三个部分，并又将其各自分为如下的层次。

①记忆（Remember）→②理解（Understand）→③应用（Apply）→④分析（Analyze）→⑤评价（Evaluate）→⑥创造（Create）

这就是布鲁姆所设立的教育目标分类体系。简而言之，就是类似于“教育阶段示意图”一样的体系。只要知晓这 6 个阶段的特征，就能清楚把握：自己的学习现在处于什么样的阶段，是否有进度，是否退步了，抑或是一直在原地踏步。关于上述的 6 个阶段的思维的解说，在世界各国的教育中都得到了广泛的应用。

布鲁姆认为：“记忆”“理解”和“应用”等学习形态，在教育目标中都属于“低层次的思维技能”。这些低层次的思维技能就是上层技能的准备阶段，在学习过程中虽然必不可少，但是大多属于背诵和重复学习，时间稍久，就会觉得千篇一律和枯燥。

而与之相对，“分析”“评价”和“创造”则属于“高层次的思维技能”。在这个阶段，通过所掌握的知识和技术产生新的创意和创新，而这个过程是让人感到喜悦的。因此，只有达到这个阶段，人们才能感受到“学习”的乐趣。

学习阶段的示意图（分类系统）

创造	高层次的思维技能
评价	
分析	
应用	低层次的思维技能
理解	
记忆	

根据布鲁姆的分类，在日本最常见的“应试学习”，也就是知识的背诵和理解以及应试技能等，在“学习”这个行为中都属于低层次的思维技能。

在此笔者想要表达的是：日本人从幼年时期开始，就自以为在努力地学习，但是却不思考这样努力的意义是什么，只是不断准备考试和参加考试，或许大部分人只是将学习理解为进入名门大学的敲门砖。

只要掌握了高层次的思维技能，就能实际体验到学习的乐趣，但是大多数日本人却未曾意识到这一点，始终都在重复低层次的思维技能，在这个过程中渐渐丧失干劲儿，对学习产生厌恶。

让“学习”变得快乐的 6 个步骤

那么如何才能让每天的学习变得更加快乐呢？牛津大学教授给学生们出色的“思维技能”，而这种技能恰恰是日本的教育体系中所欠缺的。

围绕“感兴趣的事情”这个主题，以下笔者将介绍按照布鲁姆的“分类体系”的阶段顺序，如何提升思维能力的方法（在此，笔者将“外语的学习”作为具体案例）。

步骤 1 记忆

围绕“感兴趣的事情”，尽力去获取知识。

· 记忆“外语”的单词和语法等。

步骤 2 理解

关于“感兴趣的事情”，确认自己理解到了什么程度。

・通过基础测试等，确认自己掌握的情况（或者未掌握）。

步骤 3 应用

实际地使用所学的知识。

・根据所学的知识，不断解决应用问题。

步骤 4 分析

分析“为什么学会了”或者“为什么学不会”。

・分析是否因为母语的原因而错误理解了外语。

步骤 5 评价

通过比较，来说明其特征。

・比较刚开始学习外语的时候和现在的差距，比较取得高分的部分和成绩一般的部分，把握自身的语言理解能力的强项和弱点。

步骤 6 创造

根据场合和时间，进行输出。

·挑选特定的单词和表达方式，设定自己“喜好”的场合，在有限的时间内，尝试着进行对话。按照自己的理解去使用一门从未接触过的外语，这门外语就会变成一种全新的语言能力。如果外语的表达有问题，就让该语言的母语者帮忙指正。

上述过程中，最重要的是：对于“感兴趣的事情”，如果没有基础的理解和应用（步骤①②③），而直接就开始进行创造（步骤④⑤⑥）的话，必然会遭遇失败。相反，在完成步骤①②③之后，如果产生“已经小有成就”的想法，就可能出现停滞不前的情况，这样也是不可取的。

日本的学校教育一直止步于“背诵”“理解”和“解决应用问题”等（虽然这些步骤都是必不可少的）层次，但是通常都未能提升至让学生感到快乐的高层次思维技能的步骤。

以外语学习为例，大多数日本学生都在反复记忆单词和表达方式，为了获取高分而拼命进行应试学习，但是却始终到不了用外语进行沟通的阶段，也就是一直未曾体验到高层次思维方式的乐趣。

当然，他们或许终其一生也未曾听说过布鲁姆的“分类体系”。

“学习”这个词在英语中是“study”。study 这个词来源于拉丁语的 studium 这个单词，表示“热情”“执着”或者“拼搏”的含义。

也就是说在牛津大学里，“学习”是指废寝忘食，不断查询资料进行研究的意思。不知道各位读者是否也有过因为太过专注，时间一溜烟儿就过去了的体验呢？这样的学习和在学校进行的痛苦的“学习”有本质上的区别。

因为“学习”原本就是一种让人快乐，让人投身其中的行为。

4. 学会归纳和总结，是有效沟通的基础

各位读者也许看过《哈利·波特》这部电影吧？原作是由英国作家J.K.罗琳所写的魔幻小说，讲述了总是受人欺负的少年哈利·波特在霍格沃茨魔法学校接受了严格的训练，和命运的宿敌展开较量的成长故事，这部系列电影在全球大获成功。实际上，霍格沃茨魔法学校的外景地就是牛津大学。

只有牛津大学才有的“指南课程”

如前所述，我从日本的大学毕业后，就马上出国留学了。当时我才第一次意识到日本和欧美国家的学习方式之间有如此

巨大的差异。

首先，一走进教室，就会看到各种年龄、人种和容貌的学生。与年龄相仿才聚在一起的日本学生不同，在欧美即使是同班同学，每个人年龄也可能有很大的差距。

教学方式也和日本不同，一般来说，学生和老师们会使用带有小桌板的椅子围坐成一圈，以面对面进行讨论（对话）的方式进行授课。日本一般是由老师站在讲台上，使用黑板进行授课。

老师在开始上课的时候，会简单介绍一下讲义内容，然后让学生们进行讨论，其间提出建议或者加以调整，但始终是站在辅助的立场。这样一来，就给人一种说不出谁是学生、谁是老师的感觉。

牛津大学所开设大部分的课程都是采用这种讨论的方式进行。但是，除了上述课程以外，牛津大学还有日本和其他国家所没有的授课方式。

那就是指南课程。

所谓指南课程是指，每周 1 小时，由教授（导师）和学生采取一对一或者与数名学生对话的形式，围绕各自研究的领域进行深入探讨，以加深知识的课程。一般要求学生每周阅读好几本文献和论文，在此基础上必须提交教授所要求的小论文（报告）。小论文的字数要求并不低，准备书写需要花费大量的时间和精力。把阅读过的文献归纳一下，写一写自己的感想的话，是远远不够的，必须明确地写明自己是如何思考和分析教授所布置的课题的。基于该小论文，教授和学生之间会不断进行问答交流。这就是指南课程的基本形态。在这样的过程中，学生们学会了自主思考，在向他人提出意见的同时，也掌握了表达自己意见的能力。

教授和学生之间的“屏障”

在牛津大学，人们通过上述指南课程的方式来实现知识的传授。但是教师和学生之间的关系并不像日本大学那般友好。两者之间有一种不允许跨越的社会身份的屏障。

我和自己研究室的学生们常常会去聚餐，这在日本也是稀松平常的事。但是在牛津大学，教授和学生之间很少有这样亲密的聚会。

牛津大学保留着“高桌”的传统。《哈利·波特》中也提到过这一传统，在大学校舍的食堂内，在最里面的位置有一张特别高的桌子，教授们围坐在桌边，从高处俯视着就餐的学生们。这就是“高桌”，这张桌子是专供教授和贵宾使用的，通常来说是不允许学生们使用的。此外，在正式的晚餐会中，人们必须穿着正装，不论是教授还是学生都必须穿着学校指定的长袍以显示各自的身份。

从这些细小的传统中就可以看出教授和学生之间巨大的社会身份的差异。学生在学习的过程中必须忍受这样沉闷的氛围。

初次尝试指南课程

我刚刚进入牛津大学就读的时候，觉得指南课程是一门特别劳神费力的课程。教授曾以一对一的方式对我进行过指导，除了不习惯以外，我觉得压力特别大。

某一天，我对同班同学讲述了关于指南课程的烦恼。通过交流才知道：原来不单单是我，所有的学生都有类似的烦恼。

然后我又问了好几位同学：每次指南课程前都是如何准备的。通过大家的回答，我发现不同的国家、年龄和教育背景的学生们，其实都采用了类似的方法来准备课前资料。换句话说，面对指南课程，大多数人都会采用自主思考、组织语言并加以表达的准备流程。

在此，笔者希望让各位读者也能体验一番指南课程。请选择一个你感兴趣的主题（例如：市场营销、育儿、英语学习、逻辑思维等）。

请按照以下的顺序将自己的思维归纳起来。

在实际的指南课程中，一般会花费 1 个星期进行归纳和准备（同时，也请参考其他步骤一般所要花费的天数）。

步骤 1　内容的描述和归纳 开始的 1~2 天

（1）收集至少 3~5 册主题相关的文献和资料，首先通读一遍（把握内容概要）。

（2）第二次阅读时，重点阅读自己最关心的部分（议题的焦点化）。

（3）将（2）的内容归纳起来（内容的归纳，A4 纸 5 页以内）。

* 在这个阶段，暂时不用加入自己的意见和解释，主要目的是准确地归纳出书籍的内容和研究的动向以及研究人员的意见等。

步骤 2　内容的解释和选择 第 3~4 天

（4）适当地重读资料，写下自己对（3）的看法（分析）。

（5）然后将自己的分析分类为“赞成”“反对”和“其他”三种（批判性探讨）。

（6）从（5）中分类好的 3 个类别中，选出要在指南课程中探讨的部分（取舍选择）。

* 在这个阶段，首先要写下自己的想法，然后明确自己是赞同还是否定资料中提出的意见和主张。尤其是针对和自己看法不同的部分，要批判性地叙述自己的见解，并且必须写出这样思考的理由。

步骤 3　证实和组织语言 第 3~5 天

（7）根据步骤（1）到（6），开始书写小论文。小论文通常是按照以下顺序书写：①引言（本次讨论的目的和问题设定）；②批判性的探讨（对阅读过的资料提出批判性意见）；③自我分析（针对提出批判部分的想法和意见）；④归纳（归纳意见，并明确接下来思考的方向）。

（8）收集用于证实小论文内容的学者的意见、事例和数据等，加以编写（明确论据）。

（9）在考虑到步骤 4 的同时，适当重复上述阶段，推进小论文的书写（内容核实）。

步骤 4　展开讨论和归纳 第 5~7 天

（10）预测一下在指南课程中，教授可能提出哪些问题（准备讨论）。

（11）思考当教授提出批判性意见时，该如何应答。

（12）探讨下一次讨论的方向性（明确今后的准备方向）。

综上所述，这就是指南课程的大致流程。

当然，在实际教学中，不同的教授也会有不同的教学形式，小论文的书写过程也会因人而异。但是大多数情况下，学生们在进行指南课程的课前准备时，都会按照上述思维和表达流程加以推进。

笔者认为，这样的指南课程的准备流程，其实也适用于企业的方案企划、政府的政策建议、学生的报告编写等。

但是，每天需要花费 8 小时来准备的牛津大学的指南课程，要在忙碌的日常生活中实际运用并非易事。

本书希望将牛津大学的一流思维和表达方式的精髓，以尽量贴近日常生活的形式，根据具体的案例等，简明扼要地介绍给各位读者。

5. 掌握批判能力，讨论能力和问题解决能力

在上一小节中，我们归纳并说明了通过指南课程的课前准备来磨炼思维能力的步骤。

在本小节中，笔者将通过与教授的实际对话来介绍学生该如何掌握批判能力、讨论能力和问题解决能力等。

牛津学子常常会问："你最近在读什么书？"

牛津大学的学生有许多其他大学的学生所没有的独特的习惯。

例如，学生面对初次见面的人，不会询问"你是什么专业？"

之类的问题，而是会问："你最近在读什么书？"那么对方也会具体地回答出书籍的标题和内容："我最近在看教育史相关的书籍"或者"我刚刚读完了卢梭的《爱弥儿》全卷"。而研究人员常常会说："我本科的时候常常阅读经济类书籍，研究生阶段常常阅读公共政策类的书籍，博士阶段主要阅读教育相关书籍。"像这种不同学历阶段阅读不同专业书籍的情况也屡见不鲜。

在牛津大学，学习的中心就是读书，并且阅读量大得惊人。因此根据某个人阅读什么样的书，就可以大致推测出他的知识和修养。大量的阅读就是指南课程的教育核心。通过每周书写小论文、激烈的讨论以及不断重复这一过程的方式，让阅读转变为学识的积累，并在不断改善的基础上将这些知识传授给学生，让牛津大学的传统得以发扬和传承。

在日本，年轻人的阅读量日益减少，掌握牛津大学式的"自主思考和表达"等技能的社会性基础已经岌岌可危。

掌握3种能力的必备技能

我在之前的拙作《培养改变世界的思考能力：牛津大学的教育方法》中，对于指南课程能够培养的3种能力进行了归纳。

（1）分析、整合、表达能力。

（2）批判能力和讨论能力。

（3）协调解决问题的能力。

通过指南课程能够掌握以上 3 种能力，在此基础上，笔者将特别需要重视的要点归纳成如下的一览表。

指南课程所培养的 3 种能力

分析、整合、表达能力	批判能力和讨论能力	协调解决问题的能力
> 把握课题的论点	> 讨论的前提是否存在偏差	> 能否实行（实现）自我的意见
> 明确自己的想法	> 明确究竟是自己的想法还是别人的想法	> 是否包含全新的视角
> 赞同和批判的区分	> 是否具备能够用于论证的数据、统计和资料，及其正确性	> 是否保证了协调性和独特性的平衡
> 小论文的学术性构成	> 相互交流（避免单向发言）	> 留有批判性的余地
> 简单易懂的语言表达		

通常情况下，指南课程是由教授和学生根据提前准备好的小论文，大致按照（1）关于课题的论点的归纳，（2）和教授进行讨论，（3）对准备下一节课的探讨的顺序，进行大约 1 小时的授课。同时该顺序恰好与指南课程对 3 种能力的培养相符。

以下，笔者将以掌握3种能力时特别需要的技能为例，进行说明。

（1）分析、整合、表达能力

在第一阶段，将教授提供的课题和参考文献进行归纳，然后陈述自己所理解的部分。在这个过程中，最重要的一点在于：进行大量的阅读之后，必须在有限的时间之内，准确地陈述出所获取的意见或主张究竟是自己的想法还是他人的想法。

以下将介绍牛津大学的学生在指南课程中陈述自己的意见时经常使用的表达方式。

①“根据……”

在进行意见陈述的时候必须明确表达：所描述的内容究竟是自己的意见，还是别人的意见；究竟是事实，还是单纯的推测。以下表达方式最为常用：

“从×××（事实或数据）来判断，我认为×××”（提出自己的意见时）

“根据迈克尔·桑德尔的理论，×××”（参考他人意见时）

“虽然已经超出能够推测的范围，但是×××”（表明该内容只是自己的推测）

②“从 3 个观点来进行说明”

不论是在商业会议还是学会的报告中，如果一次性提出很多个论点，听者往往就会不知所云。

牛津大学的学生在陈述自己的意见时，有很多常用的表达方式，如下所示。

“关于 ×××（准备陈述的内容），我想从 3 个观点来进行说明”（说明的开头）

“综上所述，关于 ×××，我从 3 个观点进行了说明”（说明的结尾）

将想要陈述的论点归纳为 3 点，在说明的开头和结尾分别加以强调，能够明确地告知对方陈述的主旨是什么。

有一种理论叫作“魔法数字 7±2”。这是美国的认知心理学家乔治・米勒所提出的心理学用语，即人类在短时间内大概能够记忆 7 个数字。但是最近的研究却演变为“4±2”。从我个人的经验上来说，如果说明的论点超过 4 个，那么就难以给听者留下深刻的印象，造成时间的浪费。

③“请问能否再说得浅显一些呢”“也就是说……对吧”这两个句子成对出现

当你没听懂对方的表达时，接着往下听或者不懂装懂，都是阻碍讨论进展的原因。

此时，可以使用“请问能否再说得浅显一些呢”这句话，来让对方更加浅显易懂地加以说明，以加深自己的理解。

当对方以新的表达方式再次说明之后，则应当向对方确认自己的理解是否准确。

你可以将自己的理解归纳为“您说的 ×××，也就是 ×××，对吧”这样的句子，这样便能明确自己和对方的想法是否一致。

（2）批判能力和讨论能力

在阶段（1）结束后，就要进入指南课程的重点，也就是和教授进行讨论的环节。简单来说，就如同刚开始学习打网球的人，向专业网球手发球的过程。显然新手会遭到猛烈进攻，但仍然要尽力还击（提出批判性的意见）。

在指南课程中，教授常说这两句话：“So what？”和“Why so？”。

通过重复这两个问句来锻炼学生“应对批判的能力”。

①“So what？”：那又怎么样？你的意思是？

围绕某个信息，为了让学生陈述其具体形象或者意义而提出的问句。（以下是一则简化后的实际对话。）

【例】

A：“今天天气好晴朗啊！”

B：“所以呢？”

A：“今天的天气很适合运动呢。”

“今天天气晴朗”只是在陈述单纯的状况（事实），并非自己的意见。此时询问对方“所以呢”，如果对方是个热爱运动的人，就能明白“因为今天是个好天气，所以要不要一起去运动一下”的言外之意。如果是介意紫外线的人，这句话可能就带有“要使用防晒乳液”或者“最好是带上遮阳伞”的言外之意。

②“Why so？”：为什么呢？理由是什么？

“Why so？”是指针对“So what？”所获取的结论，确认其是否具备正当的理由时使用的句子。当别人问你“真的是那样吗”的时候，一般都会回答“因为○○○，所以真的会□□□”。这里的“○○○”就是理由，而“□□□”则是结论。

A：“今天真是一片乌云都没有，空气清新，太爽啦！”

B：“为什么呢？”

A：“因为今天放晴了。”

也就是说，“So what？”是帮助大家从显示某种状况或动作的数据之中，提取出“处于怎样的状况”这一要点的问句。状况对应状况，而动作则对应动作，这样的问句适用于从相同类型的信息中提取出要点。此外，“Why so？”还可以将结果（以及状态）和要素分解之后进行论证。

我们可以看出“So what？”和“Why so？”处于一种紧密的关联之中。在指南课程中，教授通过重复这样的提问，来确认学生的意见是否存在理论性的错误，是否有显著的提升。

当指导教授反复向学生提出“So what？”和“Why so？”的问题时，学生通过思索如何应答，来养成自问自答的习惯，并掌握如何批判性地审视自己的想法的能力。

使用“So what？”和“Why so？”的思维方式叫作“演绎法”和“归纳法”，再加上“MECE”（Mutually Exclusive and Collectively Exhaustive，即将收集到的信息去重补漏的视点），形成逻辑的基础结构，也就是“金字塔结构”或者“逻辑树”。关于这部分内容，将在本书第 3 章“自主思考的技能”

的 13 小节中进行详细解说。

（3）协调解决问题的能力

在结束指南课程最重要的讨论部分后，作为最终的阶段，学生和指导教授会对关于下一节课的讨论内容进行交流。在这个过程中，大家不会进行批判性的对话，而是在协调的基础上，探讨如何将每节课所陈述的内容反映到论文中去。

正所谓“不打不相识”，在结束激烈的讨论之后，往往会有种海阔天空的心境。

这里不单单是指指南课程，在教师和学生、上司和部下之间，和对方进行交流时都可能会比较冲动，措辞严厉，甚至对对方感到愤怒。针对这种情况，为了控制自己的情绪，笔者会在心中默念“MAKOTO NO SHI”（まことの詩，直译为“真心之诗”）。

然而这句话的每个字都有各自含义，MA（日语中意为“间隔”）表示“冷静思考一会儿”，KO（日语中意为“语言”）表示“选择表达方式”，TO（日语中“远”的第一个假名）表示“目光长远”，NO（日语中“责骂”的第一个假名）表示“不予责骂”，而 SHI（日语中“深”的第一个假名）表示“深呼吸”。

MA·“冷静思考一会儿，不要马上做出回答”：交流的时候要避免“针尖对麦芒”的情况出现，可以稍微冷静地思考一会儿再回答对方的问题。

KO·“选择表达方式”：即使用比较冷静的态度来进行回答，如果不注重遣词造句，也可能招致对方的反感。

TO·“目光长远”：退一步海阔天空，客观地确认交流的方向是否存在偏差。

NO·“不予责骂，在内心中呐喊”：不论内心有怎样的怒火，都要抑制住这样的怒火，并在心中呐喊三声：“别生气！”

SHI·“深呼吸”：大口吸气，吐气时间保持在吸气时间的两倍左右，慢慢地吐气。

学生在指南课程中，常常会遭到教授的严厉质疑，他们必须绞尽脑汁去思考该如何应答。在这样的过程中，学生会逐渐意识到：教授的严厉质疑反而是促进自主思考的最大动力。自然而然地就会知道该如何批判他人的意见，以及被他人质疑时该如何应对。

虽然“So what？”和“Why so？”在指南课程和“自问自答”的环节，对于掌握批判性的思维能力和讨论能力是必不可少的，但是在日常生活中和辩论之类的场合过多使用的话，就会给人一种“你究竟想说什么”的居高临下的感觉，请务必注意。

第 1 章

要点归纳

牛津大学所重视的要素

- ▶ 思维能力和表达能力可以通过“对话”来加以锻炼
- ▶ 在与他人“对话”的过程中，实现人性的“成长”
- ▶ 哲学是所有学问的基础
- ▶ “拼搏奋斗”本身就有意义
- ▶ 把握“应有的状态”才能发现“问题”
- ▶ 牛津大学的教学核心是指南课程
- ▶ 比起“你是什么专业？”，人们更关心“你在读什么书？”

第2章

不擅长沟通的人往往都是“准备不充分的人”

The labor we delight in cures pain.

凡事不论多辛苦，只要甘之愿之，便不觉疲累。

（莎士比亚 / 英国剧作家）

6. 在沟通前，你需要做的 3 个准备

公司的项目、大学的研究、体育竞技、艺术创作，人们在开始某件事之前常常会进行精心的准备，因为准备和结果、成果是直接挂钩的。

在准备阶段将所需资料全部备齐，做好充分的准备，一旦进入正式环节，就能毫无后顾之忧地开始推进工作。

但是现实生活中，很多时候即使做好了“准备”，但是工作却“进展得不顺利”，“没有按照计划推进”，这又是为什么呢？

这或许是因为对于“准备”的定义（包括思想准备、方法和时机）理解不准确，最终导致和“准备不足”时同样的失败。

“磨刀不误砍柴工”：牛津学子的准备能力——必备的 3 个观点

笔者认为“自主思考和表达”这一行为中，“准备”的阶段也是必不可少的。在前一章中也有所介绍，牛津大学的学生在指南课程中，为了应对教授提出的严厉质疑，每天都在拼命进行各种“准备”。在重复这一行为的过程中，牛津大学的学生们自然而然就掌握了做好万全准备的技能。

所谓“磨刀不误砍柴工”是指磨刀虽然花费时间，但是不耽误砍柴，比喻事先做好充分准备，就能使工作加快。

本章中笔者将向大家介绍“准备”的技能，虽然每个人都明白准备阶段的重要性，但是常常都不得要领，而准备又是“自主思考和表达”的前一个阶段，因此不容忽视。

大多数情况下，“准备”这个阶段都是由个人所完成的。例如发表演讲、海外旅行、做菜等，每个人都是按照自己喜欢的顺序和方法来准备各种事情的。

但是笔者认为要做到“自主思考和表达”，其实存在一种共通的基准，这样的基准就是：基于不同的状况和目的的准备方法与顺序等。

因此，针对具体的工作和目的，“应当做好哪些准备工作”“怎样把握时机”“做到什么程度”等都是必须思考的问题。

本章将从做好准备所必需的“思想准备”“方法”和“时机”这3个观点来进行解说。

准备1：思考这一行为的“思想准备”

（1）苦恼正是茅塞顿开的前奏

人们在面对未曾从事过的事情时会进行“思考”这一行为，或许任何人都曾经有过不知所措、觉得苦恼、思维陷入困顿的情况。这是任何人都会面对的极其自然的一个过程。同时，出色的创意和想法往往诞生自这些苦恼之中。围绕这一点，笔者将在本章中进行详细说明。

（2）了解自己思维方式的“癖好”

就如同每个人都有不同的性格一般，每个人的“思维方式”和“表达方式”也存在不同的“性格”。这样的性格或许可以称之为“癖好”。只有在了解自己的“癖好”之后，才能明确自己的思维和表达方式的优点和缺点。

（3）思考本身并非最终目标

原本“思考”和“表达”都是围绕某个目的而进行的行为。但是，如果该目的不够明确，“思考”本身就会变成目的，最终导致思维的混乱，因此我们应该在确立明确目的的基础上再进行思考。

准备 2：学习思考流程的“思考技能”

（1）几种常见的思考方法

最近在书店里经常都能见到“思维技能”“逻辑思维”和“关键思维”等主题的书籍。了解这些思考方法是极其重要的。掌握越多的思维方式，越能多角度地看待问题，越能在短时间内高效率地解决问题。

在牛津大学学习的过程中，笔者发现牛津大学也存在多种思考方法。举例来说，“优先顺序思考方法”就是其中之一。假设你的劲敌排成一列向你跑来，你该怎么办？你一定会慌慌张张地掉头就跑吧。当我们不得不一次性思考多个问题时，与其同时思考所有问题（横向排列），不如将思考对象按照优先顺序排列起来（纵向排列），这就是优先顺序思考方法。

（2）潜藏在思考方法中的陷阱

关于上述的思考方法，有一种不易察觉的陷阱潜藏于其中。一旦踩中这样的陷阱，思维和想法就会朝着错误的方向发展。本章中，笔者将对这样的思考方法中的陷阱进行探讨。

（3）将思考方法组合起来

目标对象越复杂，思考方法也会跟着变得越复杂。将多种方法组合在一起，就能掌握从多个角度解决问题的能力。

准备 3：思考和表达时的“时间”“地点”和“人物”

（1）管理“时间”

我们应当尽量避免繁复的思考，尽量在明确的时间范围内进行思考。例如在设定 2 小时这一思考时间后，就要尽量在这个时间段内将思考的重点归纳出来。

（2）选择最合适的“地点”

每个人都有能够提升思维能力的地点，如自己的卧室、图书馆或者咖啡馆。在这样的场所，思维会变得更加活跃，也更加持久。

在这样的场所，必须重视精神的放松，只有在放松的状态下才能提升思维能力。当觉得比较疲劳的时候，可以暂时先休息一会儿，然后尝试一些让自己尽量放松的活动。

（3）找一位给自己提建议的“人物”

本书中反复提到一点：“自己思考”不等于“一个人思考”。有旁人提出良好的建议，就更容易想到出色的创意。

综上所述，由于每个人的行为习惯和性格都不同，所以即使目的和目标相同，“准备”阶段也必然存在差异。

总体而言，要想高效率地推进工作并得出成果，与掌握一些工作的小窍门相比，提前做好“准备”以及日常生活中的积累更加重要。

本章将介绍如何切实高效地使用“自主思考和表达”的准备技能。

7. 4 种思考方法，帮你理清表达思路

重点

- 确认自己思考时的生物钟
- 思考过程中，至少会沮丧两次
- 了解摆脱思维停顿的方法

在牛津大学的外墙上，有一种叫作 Gargoyle（哥特式建筑物上的怪兽状滴水嘴）的雕刻，这种雕刻表现动物和人类的脸部。据说它有类似于日本鬼瓦的驱邪作用。表现人类脸部的 Gargoyle 主要包括“思考”“愉悦”和“痛苦”这 3 种类型。

笔者认为其含义在于：在深远思考的过程中，牛津学子总

是经历“思考”到“愉悦”，然后再到“痛苦”的循环。

思考过程包括“激活”与“钝化”

在本书所讲述的自主思考、表达以及反省的过程中，人们的心理会产生怎样的变化呢？

笔者认为这种心理上的变化和英文字母 W 很相似，因此称其为“思考的 W 曲线”。以下将进行详细的解说。

插图的竖轴表示人的感情（emotion），横轴表示时间的推移（time）。插图的中线表示平常心的状态。处于中线上方时，表示心情不错，思维得以“激活”。相反，如果处于中线下方时，则表示心情低落，思维变得“钝化”。

当我们在计划一个新项目、开始写论文、开始创作作品时，时常充满期待，心情激动，思维更容易发散拓展。这个状态在开始思考后，将持续一段时间。换句话说，就是认为思考本身很有趣，正“陶醉”于其中。

随着思考时间的推移，没过多久就会碰到思维的障碍。笔者将这个阶段称为“思维休克”。在这个阶段，人们会因为以下的情绪而变得烦恼，思维变得迟钝甚至停滞不前。

· 其他人已经想到了同样的方法。

· 觉得别人的想法比自己的想法更出色。

· 再也想不出来任何创意。

· 觉得之前的努力都没有意义。

· 觉得自己没有什么才能。

各位读者在计划项目之类的情况下，是否也有过上述的经历呢？

思考的 W 曲线（存在两次思维休克）

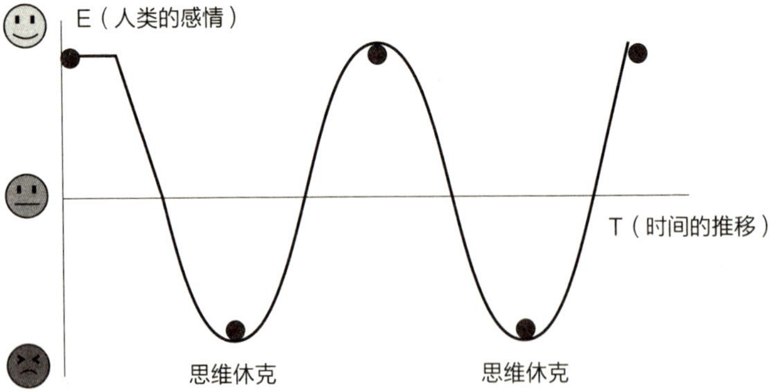

摆脱“思维休克”的方法

笔者认为：在思考过程中，任何人都会经历过一次甚至多次的思维休克。其实只要通过简单的方法就能摆脱“思维休克”。

那么陷入“思维休克”时，究竟该如何摆脱呢？以下将介绍 4 种方法。

1. 吸收不同领域的知识

如果始终集中思考某个主题或者问题，那么终会迎来“思考的极限”。此时请暂时离开现在所思考的领域，换一个全新的领域，去接触其中的知识和信息。这样做，往往会给人带来全新的想法和创意。

我在牛津大学就读时（当然现在也是如此），在书写论文的过程中就常常遭遇“思维休克”。

觉得自己好不容易想出了一个不错的论题，结果发现参考文献中已经有先行研究，或者翻阅其他学者的论文，觉得别人的理论更有说服力，最终甚至觉得自己的所有研究都没有什么意义。

笔者针对这种思维困顿的情况，采用一种叫作“TRIZ 法”的应对策略，并在课堂上介绍给众多学生。TRIZ 法中包含了“全新领域的知识”，能够让人联想到出色的创意。

“TRIZ”法是由俄罗斯的阿奇舒勒对庞大的专利文件中重复出现的结构进行分析所开发出的、用于解决问题的思维方法。其精华部分在于：“新出现的问题在其他领域中往往已经被解决了 90%，因为所有的领域都存在共通的部分。”

例如，“量很大、数量很多的情况下，采用分割原理”（在上班高峰期等时间段，可以根据实际需求来调整车辆通行），“将已经组装好的机器的一部分拆卸下来的分离原理”（例如，将瓶装的洗发香波用软包装的方式来单独销售，瓶装的香波用完后，可以倒入软包装的香波继续使用），“使用整体的一部分，或者改变一部分的局部性质原理”（更换螺丝刀的刀头、更换吸尘器的吸头）等。

2. 咨询他人后，再思考对策

如前文所述，“自己思考”不等于“一个人思考”。当思维陷入困顿的时候，可以征求一下那些值得信赖的上司、父母、朋友等人的意见。或许只需要一个简单的点拨，问题就能迎刃而解。

3. 转换情绪

据说稍微散散步、做做运动，就能提升大脑的活性。当人们从事自己爱好的事情时，大脑也会非常活跃，在这种状态下也容易想出不错的创意。

我在牛津大学就读时，常常在校园里散步。在散步和休息时的所见所闻，往往都能让情绪变得积极向上。

例如，“美丽的鲜花盛开”“听见小朋友玩耍嬉戏的声音”等。转换情绪后，“思维方法”就会变得更加积极，在思维陷入困顿的时候，也能保持比较乐观的态度。

4. 从头开始思考

当无论如何也无法摆脱思维困顿时，干脆就将手头的工作恢复成一张白纸，从头来过。

这是由于人们最初思考的主题或者计划的设定本身可能存在一定的问题。无论怎么思考都找不到前进的方向时，可能就意味着前方已经是死路一条，走不通了。此时应当戒骄戒躁，回到出发点上，重新审视前进的方向。笔者大约“每 3 个月”就会重新整理一次工作的推进方向。

如果做到这一步，仍然没有进展，那就该果断放弃了，然后开始寻找下一个工作目标。据说日语中“放弃”这个词是由“明了”这个词演化而来的，是指已经彻底看透和洞察了事物的道理和心理。可以说，这个词中包含了改变思维方式，朝着全新的方向前进的积极意义。

放松警惕后的“思维休克”的陷阱

假设我们已经摆脱了“思维休克”的状态，自己所思考的项目或计划得到采纳和实行。这时，人们的情绪会再次高涨，进入激活状态。

但是，此时还不能放松警惕。不可思议的是，即使自己的想法得到了肯定和实行，也依然存在“思维休克”的风险。

在这个阶段，对于自己的想法，人们又会产生“是否真的有效”“是否能够吸引他人的兴趣和关心”等各种不安。严重的时候，甚至会自我怀疑：“我的想法真的行得通吗？”喜悦和高兴同样会带来“不安”，这也是正常的心理现象，因此无须担心。

在这种情况下，可以采用和“思维休克”相同的解决策略，随着时间的推移，问题就能得以有效解决，让你找回自信。

综上所述，人们从思考到进行实践的过程中，至少会经历两次“思维休克”。而这样的过程，是一条如同英文字母 W 一样的曲线。

实际上，“思维休克”往往源自人们的“固执”“自以为是”和“杞人忧天”。只需要稍微改变一下日常中思维方法的习惯和方向性，就能轻松地摆脱这样的困境。

8. 先模仿，后超越

重点

· 选择 3 本参考书

· 只需要一半的“原创性”就足够了

· 基于“典范”开始创造

在工作、研究和创作等过程中，任何人都无法从一开始就找到“自己的风格”。我在确定博士论文的题目之前，也经历了漫长的烦恼期。无数次地前往图书馆，检索文献和论文，但是总也想不出理想的主题。

当时，笔者向牛津大学的指导教授进行了咨询。教授回答道：

“请找到 3 本你想要研究领域的相关书籍。暂时先将这 3 本书读透。”

当时，笔者并没有想得太深，只是照着指导教授的建议去做。但还是比较在意“为什么只读 3 本书”这件事。

找准共通思维方式的“模式”

笔者借来了与自己研究主题相关的 3 本书，在反复阅读的过程中发现了一件事，那就是在特定的主题和领域中都存在一种共通思维方式的“模式”。实际上笔者所选择的 3 本书中，都写着许多非常相似的知识和数据。

笔者发现：每本书中，最多只有一半的内容具有作者的原创性。换句话说，这些书籍有一半的内容都是重复或先行研究的，剩下的一半内容才体现了作者的原创性（研究者独有的观点）。

不论是新商品的开发，还是研究的构思，大多数人都希望拿出自己的“原创性”。此时，许多人都会浮想起崭新的、未曾有过先例的创意、产品、作品等。当然，这些崭新的创意等也是存在的，但是当我们关注这些创意产生过程本身时，就会发现其实大家运用的方法都差不多。

指导教授之所以选择 3 本书让笔者阅读，是为了让笔者意识到：其实 3 本书就已经足够看出共通思维方式的“模式”。

只要有“典范”（=“模式”），就能更接近自己的理想。

当人们准备提出全新的想法和创意时，可以从模仿他人的思维方法开始着手。

在日语中，“学习”这个词和“模仿”这个词具有相同的词源。日语中还有个动词“MANEBU”，表示模仿 + 学习的意思。从模仿 + 学习他人的方式方法开始着手，这就是思维方式的基础。

在教育学中，人们将模仿和学习具体的思维技能和行动模式的对象人物（或者书籍）称为“典范”。所谓的典范，就是前文中提到的“模式”。

基于“典范”中的思维方法和表达方法等技能或格式进行观察和考察，在明确需要学习的要点之后，再模仿该“模式”。大致步骤如下所示。

步骤 1　找准“典范”

任何人在心中都曾经有过“想要成为○○○”的憧憬吧？无论是尊敬的上司、学校的老师，还是值得参考的文献或音乐家的表演等，第一步就是寻找那些身边令人印象深刻的人物或者能够成为榜样的对象。

步骤 2　发现“典范”的特征

仔细观察“典范”的思维和行动模式，寻找自己准备模仿的“模式”。例如：找出创意的方法、推进项目的流程、企划书和计划书的编写方法、演奏技巧等。

步骤 3　模仿“典范”的特征

基于在步骤 2 中所发现的“典范”的特征，对其进行实际的模仿，加以实践和行动。不断重复这一过程，直至掌握知识和技能。

步骤 4　在“模式”的一部分中加入自己的原创

在某种程度上掌握了“典范”的模式之后，就可以在其中加入自己的原创性，对其整体进行调整。产生原创性的重要因素可以包括如下内容。

[本人的内在因素] 曾经的经验和体验、在学习中获得的知识、取得的资质、动力、对将来的展望等。

[外在因素] 在其他领域中运用的知识和技能、在外国和

异文化中体验到的知识和手法、他人（社会）的期望、将来的发展性等。

综上所述，模仿思维方式的“模式”是指：找准“典范”，然后模仿和学习相关技能，最后加以调整，再加入自己的原创性的过程。

在实践这一初步性方法的过程中，最重要的一点在于：不要为了强调自己的“原创性”，而将“典范”原本的所有特征都加以改变。

其原因在于：模仿典范的行为不仅仅是为了掌握技能，还包括对“典范”的构思和行为的“根据”与“价值”进行理解的过程。

每位牛津学子都知道的“Source Book”

最终为了书写博士论文，笔者将所有的精力都集中到了 3 本书上。除了书写博士论文所必需的“先行研究的批判性探讨方法”“假设方法”“研究的方法论”等和论述相关的内容之外，包括论文的标题和章节划分等与论文的格式相关的内容在内，全部都是以这 3 本书为参考。或许表达为“模仿”了这 3 本书会更加贴切。在此基础上，再加入自己的原创性，最终形成了一篇全新构思的论文。

笔者后来才知道，在牛津大学用于准备论文和讲义的参考类书籍被称为“Source Book”。不少学生在论文写不下去时，就会拼命去搜集“Source Book”。现在笔者在指导学生写作毕业论文时，就会告诉学生“首先至少通读 3 册 Source Book”。

9. 整理整顿思维方式，为迅速表达做准备

重点

· 在头脑中整理好头绪后再表达

· 通过 IREP 法来学习表达方法的精髓

· 灵活使用缓冲词句

要将自己的想法简单易懂地传达给对方，首先要从“整理整顿”自己的思维开始。

笔者认为，很多情况下“思考”不是停留在自己头脑中的意识，而是以传达给他人作为最终目的。向某人表达自己的想法、让对方充分了解自己、让对方改变想法、让他人按照自己的计

划行事等——思考具有多种多样的目的。

本节中，我们将站在“思考”的目的是表达给他人的这一前提下，为了更加简单易懂地将自己的想法表达给他人，而对思考进行整理整顿。

牛津大学的传统：“瞄准午茶时间”

商务书籍中常常会介绍“电梯效率”的工作技巧。这是指和上司领导等一同乘坐电梯时，利用 15~30 秒的时间迅速地进行沟通，抓住商业机会的技巧。该技巧作为一种进行自我宣传的有效方法也受到了很大的关注。

遗憾的是，在牛津大学笔者未能使用这样的技巧。因为牛津大学的校舍里，完全没有需要用到电梯的高层建筑。

相应地，在同学之间有一个和“电梯效率”含义接近的词，即“瞄准午茶时间”（teatime shoot）。这是指利用午茶时间与指导教授和朋友一起对小论文和论文进行探讨，接受建议和评论的技巧。

就如同各位读者所熟知的，英国是一个热爱饮用红茶的国家。因为英国人太喜欢饮用红茶，所以出现了“早餐茶”和“下午茶”等各种时间段饮用红茶的词。我们常常利用上午 11 点左右的“11 点茶”的休息时间（只有几分钟），积极和指导教授进行交流。

那么在牛津大学，如何“抓住”忙碌的指导教授，然后在短暂的时间内将自己的想法高效率地传达给对方呢?

“IREP 法”：整理思维后加以表达的方法

在交流和演讲中，有一种叫作“IREP 法”的手法。其目的在于：在短时间内向对方进行准确表达。

I：Issue（论点）

R：Reason（理由）

E：Example（具体的例子）

P：Point（结论）

IREP 来自上述词汇的首字母。该手法的步骤为：首先陈述结论，然后对得出结论的理由、依据和具体的例子进行说明，最后再陈述一遍结论。

前文中提到的“瞄准午茶时间”其实就是符合“IREP 法”顺序的交流技巧。

以下将以简单的例文进行说明。

I：我认为将来日本的少子化将不断加速。

R：由于不婚化和晚婚化等原因，推迟妊娠和拒绝妊娠的比率正在连年上升。

E：根据日本厚生劳动省的统计数据，1974 年的女性平均初婚年龄为 24.7 岁，男性为 27 岁，而到了 2000 年，女性的平均初婚年龄为 27 岁，男性为 28.8 岁。

P：因此认为，今后日本的少子化将进一步加速。

以“见解→理由、依据→具体例子→结论”的顺序进行表达。

1. 见解

首先将自己最核心的“思考”和“见解”以结论性的简洁形式表达出来。将表达作为首要目的，去掉所有多余的词句，尽量简洁地进行表达。

例如，我们可以尝试如下的表达方式。

“我认为日本学校产生霸凌问题的原因和集团的同质性相关。”

“虽然 A 方案和 B 方案都是有力的候选方案，但是我更赞成 A 方案。”

“对于行业改革路线，我持反对意见。”

2. 理由、依据

以下笔者将对支撑“见解”的“理由”和“依据”进行介绍。所谓依据，简单而言，就是用于回答“为何会有这样的见解”的明确的“理由”。没有依据的见解只是单纯的感想和印象而已。以下事物具有成为“依据”的可能性：

· 学术性的书籍和论文
· 通过学习所获取的知识
· 他人的建议和见解
· 数据、数值、统计等客观资料
· 对方的境遇和经验
· 周围的环境和方针等

在向对方表达自己的见解时，最重要的一点在于：当被人询问为什么会产生这样的想法时，自己心中是否有一个明确的“依据”。

但是上述的事物是否能够成为支撑自己见解的“理由或依据”，还是取决于各种具体情况。在学会发言等场合，即使回答“我之所以有这样的看法，是因为有过实际的经验”，也不会被当作充分的理由。因为个人的经验并不构成科学的证明。

虽然有自己的想法，但是并没有明确的理由时，最好先在自己的头脑中整理归纳出充分的“依据”。

3. 展示具体例子

当自己的想法与支撑该想法的依据都变得明确时，接下来就该着眼于向谁表达，进一步进行归纳整理。

对于上述“依据”，为了让对方更容易理解，并且更具说服力，可以展示一些具体的例子。

笔者认为：尤其是具备高度客观性的“数据和数值”等，在任何场合下都具有强力的说服力。

4. 再次确认结论

最后再次陈述一遍自己的结论，这样就能确认自己的想法是否准确地传达给了对方。

让对方感到愉快的“缓冲词句”

“从结论开始进行陈述”的方法，确实能够迅速地将自己的想法传达给对方，但是也存在必须注意的要点。

当我们所要表达的意见和对方的意见不一致时，如果我们先摆出结论，就会给人一种“自己的意见被否定了”的感觉和心情，进而可能导致对方不愿意听取接下来的说明。

以下是一位毕业自牛津大学的校友告诉笔者的案例。

假设面对一位比自己更年长、更有经验的销售人员，需要向他提出修改经营战略路线的建议，因为在此前的经营战略下，销售额一直没有起色。那么作为说服对方的人，准备先陈述一下结论，然后对顾客需求的相关数据（依据）进行说明。

但是对方具备丰富的经验，曾经也做出过出色的成绩，受到周围同事的肯定，具有一定的自尊心，因此并未轻易接受这样的建议。也就是说，突然提出自己的见解，展示大量的数据，也未必就能说服对方。

在这种情况下，最好是将公司和组织的方针放在第一位，将方针作为“依据”进行说明，或许会更有说服力。“从公司整体的方针来看，确实应当开拓更有潜力的市场。”“因此要达成目标，最好还是修正一下此前的经营战略。”上述这样的表达方式就更容易让人接受。笔者建议仅将客观数据作为交流中的一个辅助因素使用。

综上所述，即使有充分的“依据”，也未必就能说服对方。

与说话直白坦率的欧美各国相比，日本人常常使用“万分抱歉”等缓冲词句，通过这种委婉的表达方式来表达对对方的客气和礼仪。

“真是万分抱歉，能否请您再等候 30 分钟呢？”日本人在交流时，总是把缓冲词句前置，这一点在亚洲范围内或许都是通用的吧？

10. 在进行表达前，应当知晓的话术基础

重点

· 正确地表达

· 让紧张成为你的伙伴

· 花时间准备

在欧美各国，从大约500年前就已经存在“交流学”这个学科领域。从语言、非语言以及行为等多角度来分析人类的交流，其研究成果广泛应用于外交和商业会谈等需要用到交涉的场合。

“交流学”中有一个“演讲交流”的子领域。设定“企业面试”“正式场合的演讲”“非语言交流”等各种场合，根据

实际状况来分析演讲的方式和技巧。笔者在大学里，也在长年教授“演讲交流”。

改善 20% 的原因，就能改善 80% 的交流内容

在“演讲交流”的领域中，不论演讲的听众是个人还是团体，针对“不擅长在他人面前发表演讲”这一问题的原因，人们从心理学和生理学的方面进行了各种分析，对其机制和应对方法进行了大量的研究，还有不少先行研究和案例分析。

笔者也是在指导学生的过程中才发现，近年来，越来越多的人因为交流而感到烦恼。而对于交流感到烦恼的学生都有一个共同的原因。

如果你觉得自己“总是无法表达清楚”而烦恼时，首先请设想一个具体的对话环境。你是在什么环境中无法清楚表达自己的想法？主要原因是什么呢？

不知道大家有没有听过“帕累托最优法则”？

这是由意大利的经济学家维弗雷多・帕累托提出的一种法则，它是指“整体”其实是由构成整体的“一部分”因素所产生的。有时候人们也将其称为“80 对 20 法则”。

例如，“总销售额的 80% 都是由 20% 的顾客所贡献的”；“蚂

蚁中只有 20% 的工蚁会劳动，其他的都不劳动”；“80% 的软件用户，都只用到了 20% 的软件功能”……世界上有不少事物都是按照“80 对 20”的比例进行运作的。现在帕累托法则除了经济学以外，还被人们运用于自然现象、社会现象、经营战略等各种事例之中。

帕累托法则同样也被运用于人际交流的领域中。

面对人际交流中的问题，与其解决所有的问题，不如解决最主要的 20% 的问题，只要这 20% 的问题得以解决，那么剩下的 80% 的问题都能迎刃而解。

因此，对于不擅长交流的人来说，只需要找到最重要的 20% 的因素，就能大幅度地改善交流中存在的各种问题。

笔者认为上述 20% 的因素主要包括以下 5 点：

1. 讲话时尽量放松

大部分人对于能否准确表达自己的想法这件事其实并不是那么自信。那么在进行准确的表达之前，又有哪些注意事项呢？首先我们要从缓解交流时的“紧张”开始着手。

（1）将紧张作为交流的前提

不擅长交流的人，哪怕是站在他人面前就会觉得紧张。越是不想紧张，就越会产生反效果。首先需要注意的是：“让紧张成为自己的伙伴”。实际上，运动员在正式比赛中，往往能够得出比练习时更加出色的成绩。这就意味着“紧张”转换成了动力。

（2）没有人能做到事无巨细

我们在和他人交流的时候，要避免“事无巨细”的出现。这样的想法能够减轻交流时的压力。我们所要做的就是尽量站在倾听者的立场，将自己最想表达的内容表达出来。

（3）缓解生理上的紧张感

那么，具体又该如何缓解紧张感呢？笔者建议在进行交流前，可以采取以下方式来进行缓解。

· 运动一下：稍微跳一跳，活动一下肩膀，或者甩动一下手脚。

· 调整呼吸：重复 3 次深呼吸。大口吸气，然后屏住呼吸，稍微隔一会儿再彻底吐气。

从精神方面来说，不要将心思放在如何避免“紧张”这件事上，要将不切实际的目标替换为更容易实现的目标，便能减少紧张感。例如，我们在建议那些容易紧张的人时，不要使用“你别紧张”这样暧昧的表达，而应该具体地告诉对方：“你的演讲太小声了，在开始演讲前请确认一下最后一排的人能否听清。”除此以外，让他人通过演讲找到成就感也是一个不错的缓解紧张的方法。

2. 做好准备

笔者认为：不擅长交流的人，并非语言方面存在障碍，他们只是“准备得不够充分”而已。对于重要场合的发言和演讲来说，准备得充分与否将直接影响到演讲时的效果。

笔者由于工作关系，常常受邀作为客座嘉宾进行演讲。在演讲前，一般会先确认一下演讲的内容：

（1）自己最想表达的内容是什么？

（2）演讲内容是否包括了听众感兴趣的话题？

（3）能否在规定时间内完成演讲？

笔者尤其会确认上述 3 个要点。

基于上述的 3 个要点，笔者在准备时所花费的时间，通常是实际演讲时间的 5 倍左右。如果要进行 60 分钟的演讲，首先会花 120 分钟来构思发言内容，然后再花 90 分钟时间进行实际的演讲练习，最后利用 90 分钟的时间来修改演讲的内容和结构、对发音方式进行确认、检查非语言交流（目光和动作）等因素。

3. 保持让人容易听清的声量

交流的基础在于发声。不论是多么有趣的话题，如果对方听不见，那就没有意义。

或许是因为最近的年轻人过度依赖短信等方式进行交流，总觉得有不少人讲话时都变得有些口齿不清了。

针对这种情况，笔者建议大家可以去阅读一些介绍“发声法”方面的书籍。例如，以“阿”这个音（或者是其他容易发音的母音）为例，首先以较小的声量发声，然后逐渐提高声量，接下来再逐渐减小声量。

（1）10、20、30、40、50……（数字表示大致的声量）

（2）50、40、30、20、10……

另外，最简单的练习发声的方法就是“问候”。

在日常生活中，我们总会碰到问候他人的场合，问候时要尽量确保自己的声量适中。具体而言，就是做到清楚、明亮、沉稳等。能够做到这些，就会给人良好的第一印象。

4. 确保用语浅显易懂，注意语序

日常会话中自不必多说，演讲的基础在于尽量避免使用难懂晦涩的词。当对方从未听过你想要表达的相关内容时，就要尽量使用常见的词汇，细致地进行解说。

例如专业词和外来语词等，对于从没听过的人来说，反而会成为一种负担。另外，对于那些似懂非懂，但其实完全没有实际体会的词，也要多加注意。例如“风速强度为每秒 3 米”这句话，就可以替换为“能够感受到脸上有风拂过，树叶开始摇摆，水面上出现明显波纹的风力强度”，这样才能加深对方的理解。

牛津大学的博士课程中，学生在专业领域方面的知识和技能将提升至全新的高度，学生之间彼此理解的知识和技能也更多。因此，在进行课堂发言时，不经意之间就会使用大量的专业用语。

“汝之言行（sollen）务必确保汝之意志的准则（Maxime deines Willens）随时都能符合立法的原理（Prinzip einer allgemeinen Geetzgebung）”（康德《定言命法》）。

上述这句话如果没有任何相关的储备知识，几乎没人能够准确理解吧。这样的表达就被称为“行话（jargon）”。听起来有点像某种科幻片里登场的怪兽，它其实是指同一个领域的专业人士之间使用的特殊用语、专业用语、职业用语等，是让外行人觉得摸不着头脑的表达。

在牛津大学，指导教授会严格地要求学生：要极力避免在课堂上使用行话和俗语。只有这样才能在学生和研究者之间形成尽量使用简单易懂词汇的风气，在口语表达和论文中避免过多地使用难懂晦涩的表达以及专业词，让非专业领域的人也能轻松理解。

同时，还需要在头脑中整理需要表达的内容，在表达的过程中注意优先表达部分重点内容。这里所说的“整理”是指将表达内容进行“分类”。务必提前考虑需要表达什么，不需要表达什么。

另外，在需要向对方表达多个内容时，还必须明确哪些内容最重要，从而优先进行表达。

和自己的理解过程相比，让对方能够轻松理解的过程更加费时费力。要想成为交流方面的达人，就必须在这上面多下功夫。

5. 非语言的重要性

语言之外的交流（非语言交流）也是非常重要的因素之一，这一点笔者将在第 5 章的 23 小节中进行详细介绍。具体而言，是指表情、目光、动作、姿态、声音的高低、香水味、色彩等，对人类的五感产生影响的因素。

根据“梅拉宾法则”，人们的第一印象有 55% 取决于身体语言，38% 取决于音质和讲话的方式，剩下的 7% 取决于讲话的内容。

笔者认为，日本人最不擅长的非语言交流就是“眼神交流”。据说，有研究称：日本人在 3 分钟时长的对话中，大概只有不到 1 分钟的时间是看着对方的眼睛在说话。这种行为对于成长于习惯一直看着他人眼睛说话的文化圈的人来说，会令人非常不愉快。那么日本人乃至亚洲人对话的时候，又该采取怎样的“眼神交流”呢？笔者有以下 3 点心得。

· “避免凝视”：如果一直盯着对方，就会给人带来紧张感。当对方移开目光的时候，自己也应当移开目光。

· “避免朝下看”：特别是在表达什么重要的内容时，千万不要朝下看，会给对方造成不快的感受。

· “避免眯眼”：因为眯眼有时候会被理解为怒视，会给人恐吓威胁的印象，给人带来不快感。

上述 5 点，就是人际交流中最重要的因素。其中任何一个出现问题，就无法顺利地进行交流。但是换言之，能够注意上述这 5 点，并努力提升话术，在交流过程中就能给人良好的印象。

第2章

要点归纳

牛津大学所重视的要素

- ▶ 比起小聪明的窍门，“准备”的积累更加重要
- ▶ 思维方式的基础：从“学习 + 模仿”开始着手
- ▶ 准备“Source Book”
- ▶ 明确自己观点的“依据”
- ▶ 不擅长交流的人往往都是“准备不充分的人”
- ▶ 避免使用行话（jargon）

第3章

灵活的思维，有助于你巧妙地表达

An unfortunate thing about this world
is that the good habits are much easier
to give up than the bad ones.

这个世界的不幸在于，放弃良好的习惯，
比放弃不良的习惯，要简单得多。
（萨默赛特·毛姆 / 英国剧作家）

11. 4 个技巧，修炼你的自主思考能力

在本书的第 1 章中就已经提到，笔者是在牛津大学就读之后才第一次体会到自主思考的精髓所在。当时笔者正好在 28 岁左右。

简而言之，其精髓就是“对于无解的问题打破砂锅问到底”。

在世界范围内，日本的教育质量都是数一数二的。同时，不少日本学生对于有解的问题，都能运用各种应试技巧获取出色的分数。根据 PISA（OECD 学生的学习程度调查）的调查结果，这一点是显而易见的。日本学生特别擅长于解答“由老师所制定的题目”“一开始就有固定答案的题目”。

那么，日本的教育到底缺乏什么呢？那就是牛津大学在教

育中最重视的一点："对于无解的问题也要打破砂锅问到底"的能力。在牛津大学，往往是在政治、经济、教育等领域中，通过自身的努力去发现问题并努力思考得出解答的人物最受人尊崇。只是出色完成别人交给自己的任务——这样的人不论多么优秀，在牛津大学都是默默无闻的。

"对于无解的问题打破砂锅问到底的能力"可以分为以下 4 个技巧。

①从结论开始思考，得出独特见解的能力。

②分析和把握整体情况的能力。

③复杂问题简单化的能力。

④质疑常识和全新思维的能力。

重新审视我们的生活，就会发现有很多问题值得思考。

"为什么这家咖啡店的生意这么好呢？"

"为什么有的孩子喜欢上学，有的却讨厌上学呢？"

"在不增加经费的前提下，该如何才能提升销量呢？"

这些问题随处可见。在思考这些问题时，最重要的就是根据实际状况来改变自己的思维方式。

本章中，笔者将通过"逻辑思维""思维地图"等具体的理论、方法和案例来介绍牛津学子的“对于无解的问题也要打破砂锅问到底的能力”。

什么是牛津大学式的“自主思考”？

日本人从小就被老师和家长严格要求进行“自主思考”。步入社会后，上司也常常会说：“这种问题都不懂吗？”或者“你怎么连这个都不懂”，最后还要加上一句“你自己好好想想吧”。

那就让我们一起来“想一想”。

整个社会的风气都认为自主思考非常重要，能够做到自主思考并不是什么大不了的事。也就是说，不少人都有这样的固定思维：自主思考 = 一个人思考。

那么“自主思考”就是指不和任何人交流，并且不听取他人的意见，躲在“自己的壳里”拼命地思考吗？

笔者并不这么认为。

前文提到牛津学子非常重视“对于无解的问题也要打破砂锅问到底的能力”，其实只要不是极端特殊的情况下，牛津学子绝对无法独自一人便掌握这样的能力。

“自主思考”的能力是在和他人进行交流的前提下得到磨炼的。

如果你和牛津学子待在一起，就会发现他们总是积极地准备与周围的同学老师进行沟通对话。不只是关系亲密的人，就连初次见面的人，他们也会乐于交流。反过来说，乐于交流的人，往往都是对自己的想法和表达方式非常有自信的人。

这样的习惯来源于平时的努力和积累。

例如，在牛津大学，哪怕是面对初次见面的人，人们都会明确地询问（或者回答）对方“在阅读什么方面的书籍”或者“在做什么方面的研究”。在多次询问和回答的过程中，就会进一步加深对自己研究的理解。此外，为了更加了解对方的研究领域，也会自然而然地形成一种提问的习惯。

笔者建议大家可以从简单的自我介绍开始着手练习，然后在与人交流的过程中归纳并说明自己的想法，再聆听对方的想法，然后对对方的想法也提出相关疑问。

牛津大学式“读书法”：读书时避免囫囵吞枣

在牛津大学，不论老师还是学生，都是“书虫”（热爱读书的人）。

书籍中满载着他人的想法与智慧。所有牛津学子都知道：通过接触出色的思维来获取启发，这也是锻炼自主思考能力的方法之一。

牛津大学里有一所巨大的图书馆，叫作博德莱安图书馆。它是仅次于伦敦大英图书馆的英国第二大图书馆。1602 年成立的博德莱安图书馆中有大约 600 万册藏书、历史性的手稿和书信、乐谱和地图等。笔者非常喜爱博德莱安图书馆，曾经长时间在馆内学习。

所谓“良书”是指，在出版前接受过多次严格的审校，最终才得以出版的书籍。在阅读这样的书籍时，以前文所提到的“对于无解的问题也要打破砂锅问到底”的姿态，避免阅读时囫囵吞枣，在阅读的同时不断思索“是否还有其他更好的方法”——这就是笔者所推荐的读书法。

此外，没有必要将书籍内容从头到尾阅读一遍。大部分“良书”都具有高度的条理性，几乎都是按照“提出见解和要点→具体说明”的顺序来编写的。因为，只要抓住“见解和要点”，就能把握作者所要表达的内容（即书籍的内容）。

笔者的读书法是这样的：首先将书拿在手中，①浏览一遍目录（把握整体，大致地看一下正文部分）；②阅读“序言”和“后记”（把握作者见解的核心）；③看一下小标题，如果觉得有必要，就仔细阅读一下该小节的引言部分（最初的 1~2 行）；④选择重点部分，集中阅读。

牛津学子之所以能够在短时间内阅读大量书籍，就是因为选择了合适且高效的读书法，一边阅读一边思考。

“思考”是我们每天都在大脑中进行的活动。因此，思考常常会由于冲动的念头或者波动的情绪而受到影响，形成效率较低的思维方式。

以下，笔者将简单地介绍一下牛津大学式的“信息收集法”和“时间管理法”。

牛津大学式的“信息收集法”：感知、分类、整理

现代社会中，大家都能运用网络轻易地获取各种信息。但由于网络信息量庞杂，因此也存在各种问题，例如各种信息鱼龙混杂，我们往往只倾向于阅读自己所认同的信息。

信息收集能力包括两个方面。首先是“感知各种信息的技能”，然后是将收集起来的信息“进行分类和整理的技能”。

大多数牛津学子都具备高度的信息收集能力。其特点包括“拥有众多的信息来源”“把握最新的信息”等。如果不能明确地把握“自己所研究的课题和主题所必需的信息是什么”，那就无法有效地收集信息。

所谓“感知”就是指“意识到问题”的能力。也就是竖起

自己的天线、提升自己的敏感度，来迅速地确认自己和他人处于怎样的状况，有哪些社会性的需求，以及出现了怎样的课题和问题等。“感知技能”是人类对感觉和感官对象的理解方法，或许它是人类天生就具备的能力，但这种能力大多都是在人生经历中通过自身的感情（喜怒哀乐和价值观）所获取的能力。它主要包括4个要点：①具有丰富的知识和经验，②有明确的目标意识（目的），③明确自己该做什么的“使命感”，④积极完成上述使命的当事人意识。

具体而言，牛津学子为了收集信息，每天必做的一件事就是阅读报纸。或许有的读者会认为这没什么大不了的。

但关键在于“阅读方法”。

在忙碌的清晨，我们无法仔细地阅读所有的报道。但是在大致浏览一下报纸内容后，可以选择3个和自己的研究及工作相关的报道主题。笔者通常是选择“教育”“社会差距”和“国际”这3个主题，然后至少阅读3篇这方面的相关报道。在现代社会，人们早已没有剪报记录的习惯，但是对于特别关心的主题，笔者建议及时地记录下报纸名称、日期以及关键字，方便日后检索。

牛津大学式的“时间管理法”：准备一个计时器

对任何人来说，时间管理都绝非易事。牛津学子在研究过程中除了收集和阅读大量书籍以外，还需要通过和教授在指南课程中的交流来获取全新的想法，此时自然就会出现时间管理的问题。

这种情况下，笔者就会使用“番茄时间管理法”。“番茄时间管理法（使用番茄形状的计时器）”由弗朗西斯科·西里洛创立，这是一种在间隔的较短时间段内彻底专注于工作以提升工作效率的时间管理方法。它的方法论非常简单，笔者在书写本书时，就是按照以下步骤来进行的。

①准备一个计时器，设定为 30 分钟。

②一直专注于写作，直至计时器响铃。

③稍微休息一下（5~8 分钟左右，稍微活动一下身体）。

④重复①~③的步骤 4 次，然后休息较长时间（1 小时左右：如午休等）。

这个时间管理法能够让大脑在短时间内高度专注于工作，如果能够坚持下来，就能提升专注度和思维能力。

以下，笔者将介绍牛津大学式“自主思考”的各种具体方法。

12. 从“精专”到“宽泛”，储备你的知识库

重点

· 钻研自己的专业

· 接触其他领域的知识

· 确保知识的平衡

19 世纪的英国思想家约翰·斯图尔特·穆勒曾说过一句名言：“Try to know something about everything, everything about something。”这句话的意思是：“尽可能地广泛涉猎各门学问，但要深入地钻研其中一门学问。”

在笔者任教的大学里，学生从 3 年级开始就要选定自己专

业领域的研究室。每年都会有不少学生向笔者咨询同一个问题："该如何选择专业领域呢？"此时，笔者一般都会推荐 T-shape 思维法。

知识构成由"精专"到"宽泛"

T-shape 思维的含义如下：字母"T"的一横表示知识的广度，而一竖则表示知识的深度。

这个思维方法的核心在于：我们的知识储备应该像"T"的一横那样宽泛，同时又要像一竖那样精专于某一个特定领域。

笔者认为，这个"T-shape"思维法对于商业项目的企划、研究数据的设定以及考取证书等方面都是非常有效的。

"不知道自己对什么东西感兴趣"——这种情况下，日本人往往会产生"总之先广撒网，然后再加深其专业性"的想法。这是由于日本的教育制度就属于广撒网的类型。

在日本，学生为了在考试中考得好成绩而拼命努力地学习。家长和老师总是要求学生背诵各类知识，但是这些知识又都比较宽泛，并且还要掌握如何在短时间内多快好地解答问题的能力。从结果上来说，日本学生能够高效率地解决已经备好了答案的问题，也就是掌握了"应试能力"。

与之相对来说，在牛津大学，不论是本科还是研究生阶段，学生们在入学的时候就对相关领域的学科有了非常高度的理解。这是由于英国的大学入学考试（称为 GCSE）主要考查的都是一些高难度的专业性知识。GCSE 不像日本的考试那样会出一些有统一答案的问题。GCSE 的核心在于：英国的学生们必须灵活运用自己所“精专”的知识领域，明确地叙述出自己是如何思考、如何得出结论，以及自己的独特观点等。这个考试主要关注的是学生的“创造性”。

“T-shape”思维法

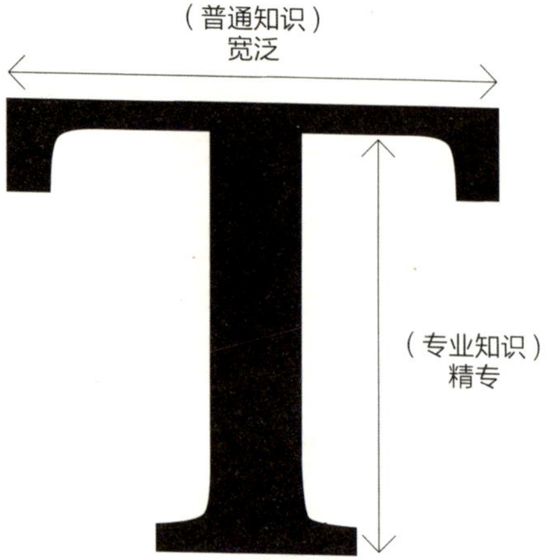

从这一点中，我们也能清楚地看出牛津大学和日本大学之间的差异。日本的教育是在培养形成“创造性”的基础，而英国的教育是将培育“创造性”本身作为最终目的。

但是一旦考入了大学，牛津学子们除了自己的专业以外，还会去其他学科领域的课堂上旁听，并阅读大量的相关文献。例如，经济学专业的学生还会接触文学和人类学方面的知识。

之所以会出现这样跨学科的情况，是因为大家认为应当从更多的视角去研究自己的专业领域，同时还必须获取专业知识以外的广泛知识。一旦过于专注自己的专业知识时，就容易出现视野上的狭隘，导致思维方式缺乏平衡与公平性。这一点反倒是日本的应试教育的长处。

扩展知识时，由“精专”到“宽泛”

“T-shape”思维法在商业谈判等场合中是非常有效的。当你和谈判对方所共有的知识领域越宽泛，交流时就越能顺畅地理解对方的话语。在碰到需要专业知识的情况下，也能自信地思考和对答。

那么，我们该如何才能掌握“T-shape”思维法呢？以下，笔者将给出参考步骤。

步骤 1　精专于自己感兴趣和关心领域的知识和技能

如果从一开始我们就接触各种知识，就会对多个领域产生过度的兴趣，导致自己并不清楚究竟对什么东西感兴趣，甚至迷失方向。

举例来说，假如说你对经济学有兴趣，那就应该先从最基础的课本开始学习，然后再阅读大量的专业书籍，在这个过程中，毅力是最重要的。

步骤 2　关注那些与自己的专业无关的领域

当你准备提高自己的经济学方面的专业性时，可以了解一些和自己的专业领域完全无关的学科（例如文学和哲学等），当你接触到自己的专业领域之外的学科时，就能从与自己的专业学科完全不同的角度来思索问题。

此外，在某种程度上还应该把握适合现代社会的最新思维方式和流行趋势，来确认与自己关心的专业领悟的相关性以及偏差。当你发现比自己的专业领悟更有吸引力的知识时，有时候也可以尝试着转换一下研究的方向。

步骤 3　“T”字对话法

接下来，该如何将上述“专业学科（专业知识）”和“宽泛知识（一般性知识）”结合起来呢?

这一点在与他人交流的时候变得尤为重要。我们在与人聊天的时候，常常一不注意就会聊到自己感兴趣的专业领域上去，但是如果对方没什么兴趣的话，这样的对话就没有什么意义。这种时候，应该从宽泛的聊天话题中，先找出对方感兴趣的部分，然后再将聊天话题往自己的专业领域上靠。

牛津大学的学生都具备某种程度的专业知识，他们的知识体系以专业知识为中心，向四周呈放射线状发散。“T”是从一横开始写的，但是要养成自主思考的习惯，首先应从“T”的一竖开始书写，也就是广泛地了解自己感兴趣的领域，这样才能让自己的兴趣和毅力更加持久。

13. 让语言表达更有条理的逻辑思维

重点

· 整理信息和思维

· 防止跳跃式的表达方式

· 说明时避免遗漏和重复

“Logical thinking”就是我们常听到的“逻辑思维”，总觉得这个词听起来高深莫测。但是实际上，逻辑思维是一种将复杂问题简单化的方法和步骤，通过这种思维方法能够找到解决问题的线索。此外，这种方法对于明确自己的推测结果以及推测理由，也是非常有效的。

逻辑思维是一种思维方式的“技巧”，任何人只要通过训练都能够掌握。

思维的展开呈现金字塔结构

逻辑思维的基础结构被称为金字塔结构（或者是逻辑树），它显示了人们的“见解”及其依据是什么。

通常来说，人们以见解作为顶点，将依据分配在金字塔的各个位置上，因此它才得名金字塔结构。当我们了解了金字塔结构之后，对于“该如何将自己的见解准确地表达给对方”的问题就产生了一个模式化的解决方案。

在金字塔的顶端放置我们最想表达的信息（“见解”“结论”“疑问”等）。然后在顶点下方放置作为见解依据的“关键词”，然后在关键词下方再放置“副关键词”，以这样的方式划分出 3 个层次，便能清晰地表达出自己想要表达的信息。

建议“关键词”和“副关键词”均以 3 个为一组比较合适。最好不要超出 5 个。

牛津大学尤其重视逻辑思维。这是因为政治经济学、经营学，以及笔者所研究的教育学等学科的发展前景尚不明朗，众多社会问题亟待透彻的研究，并且需要人们做出具备确凿依据的决断。而采用“分析→发现问题→解决”这一思维顺序的逻辑思维，就是解决上述问题的捷径。

金字塔结构（逻辑树）

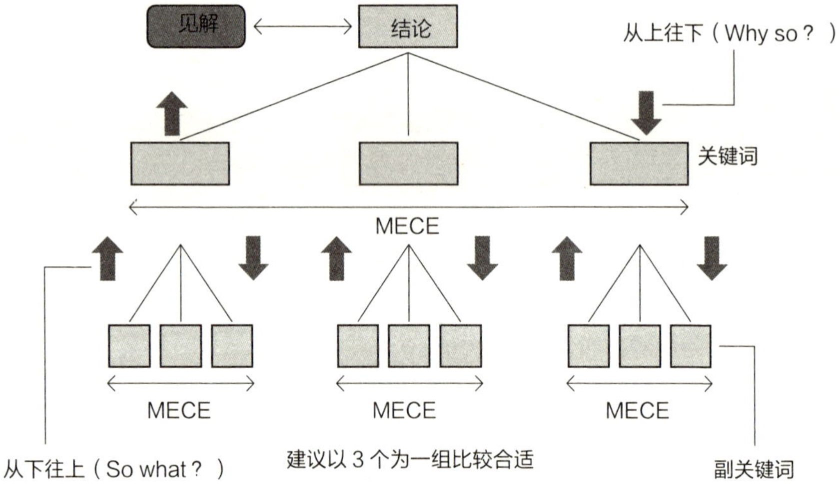

通过 Why so？（为什么）和 So what？（那又如何）这两个问句来构筑逻辑

在本书第1章的牛津大学指南课程的章节中，笔者已经提到：在逻辑思维中，“Why so?”和“So what？”是对话和思考中的重要因素。

那么“为什么”重复进行思考会如此重要呢？这是因为它与找准问题本质这一点密切相关。

牛津学子对于这个世界中被当成是理所当然的常识往往抱有质疑的眼光，通过对这些常识的解析来不断思索“为什么”这些常识成立。整个牛津大学都洋溢着这样的钻研精神。

逻辑思维通过不断重复“Why so？”和“So what？”，构筑起以“最终结论”作为顶点的金字塔结构。

“金字塔结构”的构筑，分为从底边向上积累的“从下往上法”，以及完全颠倒过来的从顶点开始分解的“从上往下法”两种。

“从下往上法”是从金字塔的底边开始，不断积累“So what？（那又如何？）”来靠近位于顶点的结论。这是一种“对要素进行分解”的手法。

相反，“从上往下法”是一开始就确定好顶点的结论，然后不断提出“Why so？（为什么）”，在寻找“依据”和“手法”的同时，不断接近金字塔底边，这是一种探究原因的手法。

此外，我们还可以通过“How？（该怎么做？）”来对金字塔的上下结构提出疑问，这就是解决问题的手法。

MECE：避免遗漏和重复的窍门

由金字塔结构顶点的结论分解而来的“关键词”和“副关键词”也是支撑逻辑的重要的“切入点”。在如何设定“切入口”这一点上，我们可以通过确认是否有遗漏和重复的方式，来提升分析整体的方向性和精度。

此时，我们可以采用“MECE”。“MECE”是“Mutually Exclusive and Collectively Exhaustive”的缩写，也就是“没有遗漏和重复”的意思。如果我们能够灵活地使用 MECE，就能确认金字塔结构整体是否准确。

例如，将人类分类为“成年”和“未成年”时，就没有重复，这就形成了 MECE。但是如果将人类分类为“男性”“女性”和“小孩”等关键词时，就会产生重复（少男、少女）。此外，将人类分类为“老人”和“小孩”时，又会产生遗漏，这也无法构成 MECE。

简单来说，采用“A 和 A 以外的部分”这样的关键词，就能准确地形成 MECE。通过不断重复这个步骤，就能对 MECE 进一步细分。

MECE（没有遗漏和重复）

人类

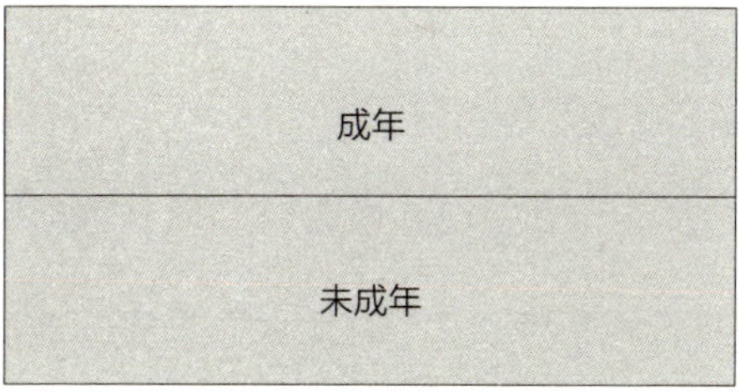

既没有遗漏也没有重复

人类

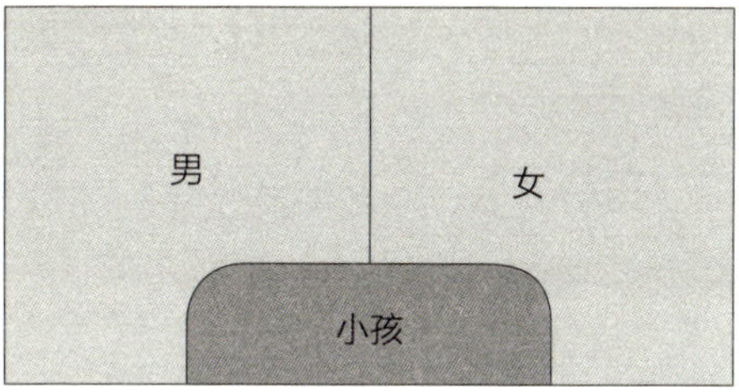

小孩分为男孩和女孩，所以产生了重复

人类

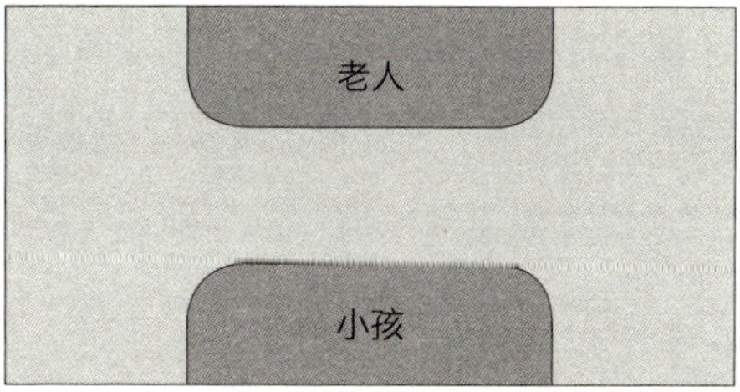

老人和小孩以外还有遗漏的关键词

在逻辑思维中使用 MECE 的话，就能轻松地整理好大量的资料和信息。此时，采用适合目的和主题的切入点进行分组，就能找出问题的本质所在。

练习

下面，我们将采用“从下往上法”来实际地构筑一个简单的金字塔结构。

“从下往上法”是基于各种依据和手段来导出最终结论的方法，在日常生活中应用广泛，也叫作“归纳法”。

它的步骤如下所示。

主题：基于①的信息，能否得出“日本人 A 小姐前往牛津大学留学并获取学位的概率很高”的结论？

①收集信息和知识等，设定“副关键词”（“依据”等）——第三层次。

A 小姐“现在在名门大学就读，而且成绩优异”；“她在英语考试中获得了很高的分数，具备留学所必需的英语能力”；“指导教授对她抱有很大的期待”；“她从某个财团那里获取了奖学金”；“通过打工，也积累了不少存款”；“她的家庭对于留学能够从经济角度给予充分支持”。

②将“副关键词”按照主题分为不同的小组——第二层次。

在获取学位所必需的“学业方面”“交流能力方面”和“经济实力方面”应用 MECE。

③在各个小组中，思索能够反映主题的更上一个层次的“关键词”。

学业方面：具备高度的书写论文的能力和基本素养。

交流能力方面：具有高度的英语对话和实际交流能力。

经济实力方面：具备充分的经济基础，可以负担留学费用。

④基于“关键词”，思考“最终结论”——第一层次。

“日本人 A 小姐前往牛津大学留学并获取学位的概率很高。”

“从下往上法”就如同不断回答人们所提出的“So what？”，在探索“依据”的同时，还要不断地“说服”别人。如果观察对象不适当，或者从少量的观察对象中强行得出结论，就可能给人“缺乏说服力”的印象（例如，上述的分析案例中就没有触及“健康方面”的信息等）。

相应地，“从上往下法”则是从一开始就设定最终结论（“日本人A小姐前往牛津大学留学并获取学位的概率很高”），然后不断提出“Why so？”的质疑来进行分析。

在构筑金字塔结构时，要避免自己的先入为主和自以为是的想法，要尽量采用客观的视点来分析问题。同时还应尽可能深入地设定“关键词”和“副关键词”。如果层次划分较为表面的话，就难以抓住问题的实质，而流于一些日常生活中的琐碎思考。

掌握逻辑思维能力的重点在于：在日常生活中坚持自主分析并不断思索的态度。在此基础上，还必须实际地使用逻辑思维，或者需要积累大量的模拟体验。

14. 构筑思维树，让你的表达更生动

重点

· 将思维整理成图片

· 让语言表达更加充实

· 乐于构思

笔者曾和英国、美国、印度、中国台湾的研究者在国际论坛中进行过合作研究与发表。与不同语言和文化背景的人们一同研究和发表某个项目的过程非常有趣，充满惊喜，但是相应地也很耗费时间，难以理解彼此的想法等。

有一次，大家又在一起讨论项目。印度的研究人员突然说

了一堆自己的想法。由于他的语速实在是太快了，在场的所有人似乎都没能理解他说了什么。此时，英国研究人员开始使用PPT，将印度研究人员的想法整理成图片。这就如同在一棵粗壮的树桩上生出较粗的枝干，又从枝干上生出无数细小的叶片。

这就是被称为“思维地图法”的思维整理方法。思维地图法能够让思维和创意变得更加简单易懂，可以说是全世界共通的“图片语言”。

将思维整理成图片的“思维地图法”

“思维地图法”在20世纪70年代由英国教育学家托尼·布赞首次提出，它是一种将自己的想法整理成图片的表达方法。

人们认为这是一种有助于“思维的整理”“构思的发散”和“解决问题”的技能，多应用于企业的项目企划和培训、家庭购物和旅行计划，以及缩短研究项目时间、提升研究项目效率等各种场合。在OECD教学与学习国际调查中，芬兰学生取得了不俗的成绩，在芬兰的国语教学课程中，老师就会教授一种叫作“卡尔塔”的思维地图。

思维地图是将尚未文字化的思维和构思与“语言”联系起来，并转化为图片和图案来进行表达的方法，它适用于人类大脑的信息处理功能，能够较快速地整理信息，进行理解和记忆。

那就让我们来实际地画一幅思维地图吧。请准备好白纸、各种颜色的彩色铅笔和钢笔。

简单来说，首先要在白纸的中央写出希望表达的主题的关键词或形象（“核心主题”），然后以此为中心，以放射线的形式描绘出由此联想到的关键词和形象（“主干”），然后又从“主干”发散出“分枝”，不断发散自己的思维。

请按以下的 3 个步骤来描绘思维地图。在此，我们将“目标”设定为主题。

步骤 1　描绘出核心主题

（1）在白纸的中央描绘出一个核心主题（可以是文字，也可以是图案），在它的中间写上“目标”2 个字。

（2）核心主题在地图中所占据的面积最大。

（3）使用 3 种以上的颜色。

步骤 2　描绘出主干

（1）使用较粗的线条进行描绘（描绘在核心主题的四周。例如，“找工作”“存钱”“居住”“减肥”等）。

（2）使用较醒目的颜色进行描绘（可以使用 4 种颜色）。

（3）将它们连接至核心主题上。

步骤3　描绘出分枝

（1）使用较细的线条来进一步发散思维。

（2）越往外发散，线条越细。

（3）将分枝和分枝连接起来。

思维地图的示例

目标	减肥	饮食	日本料理	土豆炖肉
				豆腐
			配菜	
		体重	65 kg	身体脂肪 −25 g
				内脏脂肪 −15 g
			12 月之前	
		慢跑	时间	早上 2 km
				中午 1 km
				晚上 5 km
			场所	公园
				马路
				健身房
			人	朋友
				公司的同事
	居住	高层建筑	夜景	
			休息	
			安全	
		神奈川	横滨	
			武藏小杉	
			日吉	
	找工作	制造商	食品	
			住宅	
			汽车	丰田
				本田
				NISSAN
		商社	综合	
			专卖	
		大众传媒	电视	
			出版	
			IT	
	存钱	工资	业绩	
			成功	
			投资	
		副业	打工	
			在家办公	
		投资	网络	
			证券公司	

描绘思维地图时的重点

【词汇】

（1）在每个主干上放置一个词。

（2）选择简单有趣的词。

（3）分得越细，描述得越具体。

【颜色】

（1）使用各种各样的颜色。

（2）可以选择自己喜欢的颜色。

【形象】

（1）可以在主题、主干和分枝上画出具体的图案。

（2）可以自己画漫画、插图或者使用喜欢的动漫角色和吉祥物造型。

综上所述，思维地图其实是一种非常简单的思维表达法，对于自由地组合语言和发散思维是非常有效的。可以说，思维地图就是整理计划、记录和要求等，将其文字化之前的步骤。

现在还有各种思维地图的电脑软件，希望大家能积极尝试。

15. 5 个习惯创造“机缘巧合”，让你即兴发挥

重点

· 不断追问“为什么”

· 保持能够不断思考的环境

· 保持不断思考的习惯

大家是否有过在偶然的情况下，抓住某个机会或者闪现创意的经历呢？英语中，这个词叫作“Serendipity”，也就是我们常说的机缘巧合。

在牛津英语辞典中，机缘巧合有“发掘出了意料之外的内容”“善于发现”“偶然的发现”等含义，还可以表示将“不幸”

转变为“幸福”的含义。

“机缘巧合”这个词来源于英国作家霍勒斯·沃波尔所写的童话故事《三个锡兰王子》，故事的主人公就具备这样的善于发现的能力。这是一个讲述三位来自锡兰（也就是现在的斯里兰卡）的王子总是从偶然发生的事情中找到新的发现，然后运用智慧取得了成功的故事。

据说，在历史上有不少创意和发明都来源于机缘巧合。

· 阿基米德的“浮力原理”——是看见从浴缸中溢出的洗澡水才发现的。

· 牛顿的“万有引力定律”——是苹果从树上掉下来时才发现的。

· “本田创始人”本田宗一郎的“摩托车”——将小型引擎装在自行车上才发明的产品。

除此以外，还有盯着天花板看的时候，突然就浮想起了赢取诺贝尔奖的出色创意，或者将失败产品运用到其他项目中反而大获成功的情况等，可以说机缘巧合的事例不胜枚举。

造就“机缘巧合”的环境和习惯

如果你来过牛津大学，就会发现校园和街道上仍然保持着中世纪的风格，只要踏出校门一步，映入眼帘的就是广袤的大自然风光，牛津大学可以称为“陆地上的孤岛”。由于大学的兴建是起源于宗教和教堂等目的，所以建校初始时，几乎没有什么娱乐性要素，也是最适合学生们钻研学问的场所（甚至可以说无出其右）。就是在这样的环境中，牛津大学培养出了无数伟大的哲学家和作家。

《爱丽丝梦游仙境》是受到全世界喜爱的童话故事。作者刘易斯·卡罗尔（原名：查尔斯·道奇森）就是在牛津大学最有名的校舍——基督教堂学院执教时写下了这部著作。

对日常生活感到有些无聊的少女爱丽丝，追寻着手持怀表的白兔子进入了不可思议的仙境，并经历了各种冒险的故事。她邂逅了野兔、睡鼠、柴郡猫、公爵夫人和帽子店店主等各种独特的角色，爱丽丝通过自己的智慧和创意解决了各种问题，并实现了自我成长，这个故事让无数读者感动并产生共鸣。

笔者认为，在《爱丽丝梦游仙境》中登场的各个人物和各种趣事，在牛津大学的日常生活中都是理所当然存在的，或者是极有可能发生的事物。不可思议的是，即使是牛津大学中最常见的景色和建筑物，随着时间和季节的变幻，也会展现出别具一格的风味。作者刘易斯正是注意到了这一点，在此基础上只是稍微加入一些想象力的元素，就写出了这部为世人所熟知的著作。

笔者认为，牛津学子身上总是“蕴藏”着在偶然之中发现细节并获取成功的能力，或者可以理解为他们已经养成了造就机缘巧合的良好习惯。

以“为什么”的视角来审视理所当然的事物

就如同苹果从树上掉落下来一般，首先我们要学会对理所当然的事物抱有疑问的态度。接下来再思考一下与之完全相反的现象。

牛顿看见“苹果从树上掉下来”时，还同时思考了“那为什么月亮没有掉下来？”这个问题。最后，在研究这两个问题的过程中，发现了“万有引力定律”。

其实，对于如此重大的发现，有时候也仅仅是因为对理所当然的现象产生了“为什么”的疑问，才会有所突破。

那么该怎么做，才能从日常生活中常见的事物和现象中发现疑问和意义呢？以下，笔者将介绍 5 个重点。

重点 1　专注于你感兴趣的领域

牛津学子在每天高强度的学习生活中，无意识地养成了“思考”这个习惯。

养成这个习惯之后，注意力就会自然提升，对任何事物都会变得比较敏感。

对于运动和读书等你“特别有兴趣”、觉得“特别有意思”的事物，不妨花大精力去钻研。同时这样的钻研也有利于保持更长久的注意力。当然，钻研的前提是别给自己的身体健康造成太大的负担。

重点 2　意识到自己正在思考

首先我们需要意识到自己“正在进行思考”，或者正把注意力“集中于某个事物”。哪怕是在运动和阅读中，我们也需要尽量保持“为什么”的视角。

不单单是在牛津大学就读期间，即便是现在，笔者也会随身携带小笔记本或记事本。每当看到什么或者想到什么的时候，就会迅速地记录下来。有时候看到美丽的风景或者图画，还会使用手机拍下来并加以保存。

在有意识地重复这个习惯的过程中，就会逐渐意识到自己正在进行某种思考或探索。而记录下的内容和照片会让自己的思维进一步发散，帮助我们实现自我的成长。

重点 3　明确提升注意力的场所和状况

笔者认为，每个人都有适合自己进行思维的场所。例如咖啡馆、图书馆、行驶的电车或汽车中，首先我们需要确认自己在什么样的场所更容易产生创意。

笔者在牛津大学就读期间，除了家庭、校舍、图书馆以外，还有“第 4 个场所”，那就是离繁华的街道较远、有些僻静的“Pub”。“Pub”是小酒馆的意思，任何人都能轻松地跨进酒馆内，一边喝酒一边来点下酒菜。因为距离繁华地段较远，所以那里几乎没有任何牛津大学的学生，一般只有几位常来光顾的客人，在这样安静的氛围中，笔者拿出铅笔和白纸，轻啜一口“苦啤酒”，然后沉溺于自己的思维之中。

即便现在身在日本，笔者也有“第 4 个场所”，在那里完成了不少构思。

重点 4　从经验和行为中找出意义

笔者属于生活特别有规律的人，因此在日常生活（上下班、带孩子、学习、加班等）中，特别注重从那些司空见惯的景象和场景中，发现某种“意义”。

其诀窍也非常简单。笔者在本书中已经反复提及：对日常生活的一切都要保持“为什么”的视角。

教育学中有一个很常见的词，叫作“隐藏课程表”。除了学校按照上课时间分配的实际课程表（肉眼可见）之外，实际上，还存在着一个任何人都未注意到但是又对所有人都产生了一定影响的“隐藏课程表”。

例如，我们来看看以下这些事例“具有什么样的意义”吧。

（1）教师站在学生面前授课。

（2）在上课时间里，学生们安静地坐着学习。

（3）在毕业仪式中，总是由男学生先上台领取毕业证书。

在日本的中小学里，上述的情况都是常见的场景。如果从“隐藏课程表”的角度来解释这些场景，就可以得出如下的结论。

（1）显示出了教师的权威和威严（学生们在无意识之中就会产生服从权威的意识）。

（2）不论自己怎么想，都必须一直保持安静的姿势（锻炼自己的忍耐力）。

（3）让人们产生男性优先的意识（形成男性优先的社会形态）。

综上所述，在任何人都觉得司空见惯的场景中，其实往往都隐藏（或者被隐藏）着特殊的含义。

重点5　养成持续思考的习惯

在重点4中，我们已经了解：要对某种现象提出疑问或者发现其中的特殊意义时，就需要保持不断思考的姿态。如果我们总想着“现在太忙了”或者“过段时间再考虑”的话，问题就永远也得不到解决，就算头脑中闪现了不错的意识或想法，注意力也很容易就转移到别的问题上去，最终一事无成。对于记录在笔记本上的事物和日常生活中发现的疑问，都要尽量在当天进行思考和整理。

综上所述，“机缘巧合”并非偶然造访的幸福，它是一种从我们周围的日常风景、现象、行为中，发掘出重大意义的能力。只需要稍微改变一下平时的生活习惯和思维方式，就能进一步发挥出机缘巧合的作用。

第 3 章

要点归纳

牛津大学所重视的要素

- 对于无解的问题也要打破砂锅问到底
- 通过交流对话来磨炼思维能力
- 掌握“感知”“分类、整理”信息的技能
- 运用自己所“精专”的知识来表达自己的想法
- 保持“为什么”的质疑精神
- 机缘巧合的诞生和行为习惯密不可分

第4章

独特的语言组织技能，让所有人都听你的

Differences of habit and language are nothing at all if our aims are identical and our hearts are open.

目的相同，心胸开阔，那么任何习惯和语言的差异都不是问题。

（电影《哈利·波特与火焰杯》）

16. 通过巧妙的语言表达来明确自己的想法

在本章之前，笔者已经介绍了思考前应该做好哪些准备，以及实际思考时的思维方法。

那么在整理自己的思维之后，该如何组织语言来高效率地将自己的想法表达给他人呢?

如果不能表达出自己的想法，那么一切都是“无用功”

即使再怎么透彻、再怎么拼命地思考，如果不将自己的想法表达给他人，就可能给人一种“他什么都没思考”或者“他应该没什么意见”的印象。通过语言表达和对话的方式，才能进一步地明确自己的想法。

在日本，人们从小就会接受“不要给别人添麻烦”的教育，因此和其他国家相比，日本人“特别在意别人的看法”。同时，日本人还认为在会议等场合中，安安静静地听对方的发言是一种值得赞赏的行为，这表明“自己很稳重”或者“正在仔细倾听对方的发言”。

但是，这并不是放之四海而皆准的标准。在某个研究中，人们发现：在联合国等国际性的会议中，日本人主动发言的比例相对较低。据说还有这样一个笑话：联合国大会主席非常烦恼，他不知道“该如何才能让日本人更加积极地发言”，以及不知道“该如何才能让印度人稍微安静一会儿”。

人类是被感情左右的生物

将自己的想法表达给对方——这似乎是个很自然的行为，但是将思维转换为语言的过程中，实际上产生了诸多问题，因此常常出现词不达意的情况。

其中一个原因：自以为是的想法很难被人接受。人类都是容易被感情因素左右的生物。在不同的场合下，随着当时的心情和气氛，自己所表达的内容和自己原本想要表达的内容可能出现偏差，有时候甚至是背道而驰。不知道各位读者是否也有过类似的经历呢。

对正确表达自己的思维产生干扰作用的原因有很多。这完全取决于说话人的个人因素和他所处的环境。

下图显示的是人类在观察某个“现象（事物）”时的状态。正确认识事物时，使用直线（→）并画圈（○）。错误认识事物时，使用虚线（……）并打叉（×）。

除此之外，还存在当事人的心理作用和他所处的环境共同发生影响的情况。例如，人际关系（上下级关系、夫妇之间、老师和学生等）就是其典型代表。

对准确表达产生影响的原因

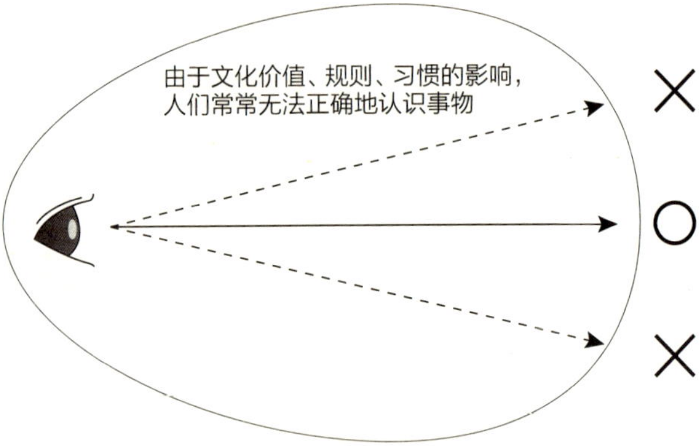

牛津大学式·源自“文”“武”“玩”的造词

前文中提到，牛津大学的许多学生都“能文能武”。不论学术还是运动，牛津学子都走在世界的前列，他们意气风发，出类拔萃。

笔者认为，在牛津学子的信条中，除了“文”和“武”之外，还应该再加上一个“玩”字。

“school（学校）”和“scholar（学者）”这两个词都来源于拉丁语的 schola（学校）。在古希腊，生活富足的贵族们利用生活的“闲暇”进行品德学习，因此“闲暇”就发展出了“学问”的含义。

直到今天，牛津学子也依然认为“学问”就是诞生自“闲暇”，在学问中加入了“玩”的要素，才会产生如此众多的伟大构思和创新。这就是我们常说的：既要会学习，又要会玩耍。

本章的主题为：不受内在情绪影响，充分考虑到自己与外界的关系，再融入“玩”的感觉——在此基础上组织个人语言的方法。

17. 有意识地使用让对方能够理解的表达方式

重点

- 将自己的想法用语言表达出来
- 小心“模式”
- 站在对方的立场上选择表达方式

“最初要有语言”

这是《新约圣经》的《约翰福音书》的第 1 章第 1 节中的一句话。这句话原本是指整个世界都是由上帝的话语创造而来，也就是说如果没有语言，那么世界就不会存在意识，也不会存在能够让人产生意识的对象。

我们可以抬头看看蓝天。一片晴朗的长空中云舒云展，但是假如这个世界上没有“天空”这个词，那么谁都无法具现出它的存在，也无法用语言去表达它。

任何事物说出口了，才能更加具体

我们在自己的头脑中进行的思考其实是非常暧昧、非常抽象的。只有当我们说出口的时候，这些想法才能变得具体，传达给对方。任何想法不说出口，那么想法本身就“等于不存在”。

当然，在实际的交流中，除了语言之外，我们也可以使用动作、手势或者图片等方式来清楚地表达自己的想法，但只有“语言”才是放之四海而皆准，并且最简单的表达方式。

这件事看起来是理所当然的，但实际生活中“真要说出口的时候，却又无论如何都找不到描绘的话语”，或者“虽然有很多想要表达的内容，但就是不知道怎么转换成语言”。这是因为我们的内心存在“希望能够完美地进行表达”以及“不能使用错误的话语”的不安。

现在，我必须经常在众多学生面前发言，我觉得自己某种程度上已经习惯了“讲话”本身。但是，其实以前我并不是一个能够做到脱口而出的人。

在牛津大学学习时，我曾经向专修戏剧的友人请教了即使在需要即兴表演的场景下也能马上脱口而出的训练法。我认为这并不是什么特别困难的方法，希望大家在学习和工作之余也能尝试一下。

【练习：将思维转换为语言】

步骤①：寻找能够独处的地方，准备好带有秒针的手表。

步骤②：首先决定主题，然后在 1 分钟内，将脑子里想到的内容源源不断地说出来。不需要特别有条理，哪怕是没有逻辑的琐碎的单词也行。

【例】主题“教育”：“儿童、学校、霸凌、问题……”

步骤③：然后将时间延长至 3 分钟、5 分钟。不要停止发言，不断地将脑子里想到的内容全部说出来。

【例】“在学校教育中，儿童之间的霸凌问题日益严重……”

这个练习的目的，在于去除“将思维转换为语言”时的心理障碍。

通过将“想到的内容”转换为语言的行为，抽象的概念和意识就会更加明确。就算表达存在什么错误，意识到问题，并反复脱口而出，对词的选择方法和使用方法就会有所进步。

“语言”是装入“含义”后再使用的容器

关于将思维转换为语言的行为，让我们来更加深入地思考一番吧。

狗这种生物，为什么在日语中叫作“INU”，在英语中叫作“Dog”呢?

就如同前面提及的《圣经》中的话语一般，如果人类没有语言的话，那么就无法表达世界中的任何事物，因此才对事物赋予了语言这个存在。这是索绪尔的“符号论”中的论点。索绪尔将“INU”和“Dog”这样的词汇本身称作“符号”。

但是，这里有一个非常重要的观点。

例如前面提到的关于“狗”这个词，当人们听到这个词的时候，并不一定所有人都会想到同样的事物。有的人会联想到“大狼狗”这样大型的、面目可怕的狗，也有的人会想到“贵宾犬”这样可爱的小狗。

人类的大脑对于像“狗”这样的文字所组成的信息，原本就会和自己头脑当中的视觉性（眼睛可见的）的印象相匹配之后再进行认识。当然，一般来说，人们不会把狗和猫相混淆，但是每个人印象中的狗都有不同的形象。

此外，“狗”之类的词还比较容易理解（因为有不同的颜色和形状），但是像英语的“take”和“get”，日语的“气氛”和“当时的空气”之类的表达，即使说话者本人很清楚是什么含义，听者却相当难以把握其准确的含义。而这样的词（或符号）随处可见。

尽管这是将思维转换为语言时最需要注意的要点，但是很少有人意识到这一点。如果有 10 位听者，那就可能有 10 种不同的理解方式。

在牛津大学课堂上掌握的话语印象

将思维转换为话语时，必须要注意的并非只是这些话语所包含的视觉性印象的差异。

另外必须要注意的一点就是，在这些印象当中，有时候还存在相关的“信息”和“知识”等事物。

它们被称为“模式”，是说话者在无意识间提出的、对事物的看法和思维方法。简而言之，它可以表示“固有观念”或者“偏见”等含义。

以下，笔者将介绍一些在牛津大学课堂上所发生的事。

某一天，大家在课堂上讨论各个国家的学校除了上课之外还会进行哪些活动，以及对这些活动的功能和意义进行比较和探讨。我提到了日本学校的“运动会”。

提到运动会的时候，大家会想到怎样的场景呢？对于一般的市立中小学来说，首先从校长的致辞开始，然后是接力棒、拔河、体操、应援比赛、每个年级的舞蹈表演等。还会想到不同性别、不同年级的队列以及形式和规则的统一。

我在课堂上提到：日本学校的运动会并不是为了让学生们留下快乐的回忆，而是让学生们养成将来在社会上生存的时候，所必要的是集体主义和互相切磋的精神。我觉得在自己的学生时代，运动会的社会性功能更加明显。

我在发言的最后附加了一句：在其他国家的学校里是否也有类似的活动，或者有类似的功能呢？但是我看了看班上同学，大家都是一副无法理解的表情。我不知道为什么，于是向大家提出了这个问题。大家的回答是：“原本运动这个行为，就是像奥林匹克运动会一样，是根据个人意志所进行的行为”以及“运动不是以社会规律和整合为目的，而是单纯以竞技（或者观看比赛）为乐趣的行为”。

此外，来自英国的传统公共学校（贵族子弟上的有名的私立高中）的学生还列举了“在骑马的过程中，该如何保持优美的姿势”以及“通过击剑来培养公平竞争的精神”。

本节中所说明的语言所带来的印象以及模式等事物，并非是由人类的意识所塑造的产物，而是由其出生国家的文化性的习惯和规范以及个人的经验和知识所自然形成的产物。

因此，当对方的模式和自己的模式相同的时候，就不会存在任何问题，但是如果不同的时候就需要注意了。

此外，模式的问题并不是在不同的文化和不同的人种之间才会产生的事物，即使是同在日本，成长的家庭和地区不同、性别不同以及成长年代之间的区别，都有可能导致产生模式问题。

18. 养成“自问自答”的习惯，更高效地传达自己的想法

重点

· 用 5W1H 来构筑语言

· “为什么”和“因为”的搭配

· 需要回避的某些“自问”

将想到的事情转换为语言的行为，可以说就是进行“自问自答”、反复对自己的问题进行回答的行为。也就是说，通过养成“自问自答”的习惯，来高效地组织自己的语言。

重复“5W1H”来构筑语言

如同本书中反复提到的一样，牛津大学的学生们通过反复进行的知识拓展训练来掌握应对指导教授的严厉提问的能力，同时还会进行深化自己的思维、将其转化为语言、传达给他人的训练。

笔者将自己头脑中所考虑到的内容转换为语言或者文章的时候，会使用众所周知的“5W1H”来反复地进行自问自答。

“5W1H”是指英语的 Who（谁）、When（什么时候）、Where（在哪里）、Why（为什么）、What（什么）、How（怎么样）。这是一种用于新闻初始段落的技法，可以向观众明确地传达新闻的事件内容。

例如，让我们围绕“从小到大都在踢足球”这样一个主题来构建语言。此时，我们需要使用 5W1H，通过向自己不断提问来收集构建语言的信息。

如下所示，我们需要尽量多地向自己提出问题，然后进行回答。5W1H 的顺序以及各种问题的次数都可以根据状况进行自由的调整。

· 从什么时候开始想要踢足球的？（When）

→读小学的时候，10 岁左右。

· 为什么会产生这样的想法？（Why）

→当时日本职业足球联赛正好开幕，人们对日本的足球事业寄予厚望，希望自己将来也能够成为一名专业的足球选手。

· 你受到谁的影响？你最尊敬的选手是谁？（Who）

→我想要开始踢足球，是因为受到好朋友的邀请。我非常喜欢世界知名的足球选手马拉多纳。

· 你一般是在什么地方踢足球？（Where）

→少年时是在小学和中学的操场，而现在是在公司附近的操场。

· 通过足球你学到了什么？（What）

→团队合作的重要性，以及瞬间的判断能力得到了锻炼。

· 你觉得最感动、最辛苦、最让你深思的事情是什么？（What）

→在区域联赛上激战并获胜。在比赛中受伤，不得不长时间休息。为了提高球技，而研究了职业球员的比赛。

· 你是如何运用从足球中学到的经验的？（How）

→我非常重视工作中和同事之间的团队合作。我养成了在逆境当中能够顽强拼搏到最后的意志力。

· 当你陷入低迷的时候，你是如何应对的呢？（How）

→我接受了教练的指导，增加了练习的量，暂时停止了踢球。

综上所述，为了基于自己的经验和知识以及主题的相关信息等来构建语言，使用 5W1H 来明确问题，并不是一件非常困难的事。

笔者认为，无法在头脑中浮想出语言或者创意，是因为进行自问自答时的问题数量太少了。问题数量不足的时候，信息就非常有限，语言就会出现中断，因此在向对方传达信息的时候，就会难以让对方理解信息的内容。

和“Why(为什么)”搭配在一起的，一定是“Because(因为)”

除此之外，在使用“5W1H”进行自问自答时，和“Why（为什么）”同时思考的内容应该是“Because（因为）”。如果我们无法明确“为什么事情会发展至此”或“之所以这么考虑是因为”的话，那么我们在向对方传达信息的时候，就会让对方陷入信息不足的窘境。

假设有这么一段文章：

“年轻时如果有出国留学的经验，对将来进入社会生活是非常有帮助的。在大学期间一定要去留一次学。”

这是我们常常看到的文章，以下让我们加上理由，让其内容变得更加明确。

“年轻时如果有出国留学的经验，对将来进入社会生活是非常有帮助的。这是因为现在有不少企业除了本国之外，还会在其他国家设立据点来开展业务。如果能招聘到会外语、能够和不同文化背景的人进行交流的员工，那么这些企业就更有可能在国际舞台上活跃。”

在对话中，我们尤其需要说明“理由”。因为每个人都想要知道“为什么”。只有明确理由，细致地回答对方的提问，我们的回答才能变得简单易懂。

避免对自己提出这样的问题

在自问自答的过程中，需要避免对自己提出以下的问题。这些提问会让自己的思维朝消极的方向发展，成为构建语言时的障碍。

例如，可以列举出以下这些问题。

一、“为什么我要做这件事？”

当我们觉得写不出文章、想不出创意的时候，要是在头脑中浮想起这样的问题，就会妨碍将思维转换为语言的行为。

当我们对于自己现阶段的努力感到不满的时候，“为什么我要做这件事”的自问会让我们的思维陷入消极，妨碍语言的构建。

二、“为什么只有我……”

这个问题会让自己背负“被害者意识”。要是我们被这样的意识所纠缠，就会忽略自己原本能够完成的事，而过度关注自己周围发生的事情。

三、“该怎样做，才能……呢？”

例如，对于“该怎样做，才能形成符合个人的语言风格呢？”这个自问，乍一看并没有什么问题。但是如果我们过分执着于这个点，就很有可能陷入过度追求高水准（或低次元）的陷阱，就犹如陷身无底的沼泽一般。如果将“构建语言”本身作为目标，就会失去“将实际考虑的内容转换为语言并传达给对方”这个原本的目标。

四、“为什么没有人为我……呢？”

当我们认为自己无法写出好文章或者无法出色地组织语言，

周围也没人指导自己（或者指导的方法不太好）时，那么自发地、积极地掌握相关技能的动机就会有所下降。

五、“我要到什么时候，才能……呢？”

这个问题只关注“结果”，对于怎样才能实现目标这个重点却视而不见。

【练习】

让消极的自问变得积极。

那么，如何将上述这些需要避免的自问转变为积极的自问呢？

· “为什么我要做这件事？”→“今后该如何推进这件事呢？”

· “为什么只有我……”→“如果是我的话，就会……这样考虑。”

· “该怎样做，才能……呢？”→“要想……的话，就应该掌握哪些技能呢？”

· “为什么没有人为我……呢？”→“去找铃木老师商量，或者找田中老师商量。”

· “我要到什么时候，才能……呢？”→“现阶段，我达到什么水平了呢？”

当我们进行自问自答、头脑中浮现出消极的问题时，可以尝试着替换成别的语言来改变语言的方向性。哪怕只是很细微的语言表达上的差异，也会让内心变得积极起来。

19. 用积极的表达方式向对方传递信息的技巧

重点

· 替换成对方容易理解的话语

· 状况和思维方式不同，理解方式也会有所变化

· 使用温暖的话语

这是发生在教育心理学课堂上的事。教授问学生：如果发生了以下情况，大家会怎样思考呢？

· 杯子里有半杯水。

· 考试的剩余时间还有 10 分钟。

· 擦肩而过的人对自己投以微笑。

例如，对于杯子里有半杯水这个状态，有的人会觉得所幸还剩半杯，而有的人会认为只剩下半杯了。如果是在灼热的沙漠中滋润喉咙的话，那么确实半杯水远远不够。

当和自己擦肩而过的人对自己投以微笑，有的人会认为对方对自己抱有好感，相反，有的人会认为对方在嘲笑自己。

对同一件事情，每个人的理解都不相同。我们还必须注意应该向对方使用怎样的话语。

让人变得更加积极的“心理框架转变”

“心理框架转变”是指舍弃自己对事物理解方法的框架，采用别的框架来思考问题，通过交流的方式来解决心理问题的手段。这是一种常用于家庭疗法的概念。

我们并非“客观地”看待日常生活当中发生的事情。对于发生的所有事，我们总会主观地加上一些含义去理解。就像前面提到的例子一样，即便是同样一个事物，每个人对它的理解都有所差异。

通过灵活运用心理框架转变，我们就能对日常生活中的各种事情加以积极的作用，让自己的内心变得更加积极。

心理框架转变有如下两种类型。

一、 内容的心理框架转变：改变对某个状况或事物的主观理解

“假设有人因为遭遇交通事故而变得沮丧。”

主观理解改变（或让其改变）为“还好没有丧命”“我今后会更加谨慎地驾驶”“明白了家人和朋友的重要性”。

任何事情都有消极的一面和积极的一面。我们需要让消极的思考朝着积极的方向进行转变。

二、 状况的心理框架转变：故意利用偏执的思维

“假设有人对周围的事物总是感到不满，或者进行批判。”

让其预测“在新项目的实行过程中可能出现的错误”“顾客对新产品的不满”“对论文结论的批判”等。

“找别人的茬”或者“过度担心”等行为一般被视为消极的行为，但是只要换一个角度，我们就可以有效地利用这些行为。

综上所述，心里框架转变可以理解为用积极的表达方式向对方传递信息的技巧。

牛津大学的教授是心理框架转变的达人

我刚刚到牛津大学开始学习的时候，对于自己的性格和举止可以说完全没有自信。我的英语不像英国人那样流利，学术方面的知识也很不足，人生经验也尚浅，和班上其他同学比起来，感到非常自卑。

对因为英语能力不足而在课堂上不敢发言的我，教授说道："当母语为英语以外语言的学生在表达上出现错误的时候，那其实并不是错误。而是一种'方言'。"然后他对我说："使用方言来发言的学生反而能够让我留下比较深刻的印象。"我仔细观察后，发现原来班上有一大半的同学都是来自英国以外的国家，而且大家的英语表达也是各不相同。

因为教授的这席话，我受到了很大的鼓励，现在也依然铭记在心。

在漫长的学术历史之中，牛津大学非常重视避免伤害他人的心灵，以及让他人保持积极乐观的心态。心理框架转变在构筑和他人的良好人际关系时非常有用。也就是说，对方的性格完全取决于自己的理解，既可以是长处也可以是短处。

· 他是一个优柔寡断的人。→他是一个富有挑战精神的人。
· 她非常好强。→她非常坦率。
· 我不擅长拒绝他人。→我非常重视朋友。

在少子化不断加速、个人和家人的孤立问题越来越严重的日本社会，由于大家从年轻的时候就没有多少复杂的社会交往经验，相应地也就无法从各个方面来理解他人以及表达自我。

可以说心理框架转变就是一种尽量使用温柔的话语来发现自己和他人优点的话术。

20. 让人行动起来的话语组织方法

重点

·形成“言灵”（语言的不可思议的作用，在日本，语言被认为寓有神灵的力量）

·让对方产生关心和兴趣

·组织让人行动起来的话语

第二次世界大战初期，英国在和德军对战时处于劣势，英国首相丘吉尔为了让疲惫的国民重振士气，他进行了如下的发言：

“乐观的人在困难之中找到机会。悲观的人在机会中看到困难。”

听到丘吉尔的这番话，英国的国民发挥出了不屈的精神进行抗战。这也是一种“力量”。事实上，英国军队最后漂亮地打败了德军。自古以来，人们就坚信语言当中存在着某种“力量”，它给予人们勇气，为人疗伤，或者让他人积极地行动起来。在日语中，它被称为“言灵”，作为“依附在语言中的神奇力量”，屡屡在古典文学和传统艺能中登场。

此外，据说在其他国家也有类似的概念。英语中也存在“Soul of language（语言的灵魂）”以及“Power of words（话语的力量）”等表达，而且“言灵”产生于说话者和听者之间。

“AIDA”：语言诞生于人与人“之间”

高兴、悲伤、快乐、辛苦——各种各样的感情化作语言，被应用于人与人之间的交流。

它既没有声音，也没有颜色，还没有形状，但是它确实就存在于人和人之间。在产生交流的这个空间之内，人们的感情是如何传达的呢？

作为解开这个疑问的线索，我们可以参考一下美国应用心理学家 E.S. 路易斯的“AIDA”理论。“AIDA”和日语中的“间”

的读音相同，对日本人来说，有种双关语的意味。斯特隆在研究顾客心理时，发现顾客的心理会经过如下 4 个阶段。

（1）Attention（注意：吸引对方的注意）

（2）Interest（兴趣：激发对方的兴趣）

（3）Desire（愿望：刺激对方的愿望）

（4）Action（行动：让对方产生行动）

以下，笔者将介绍一下，人们从看到广告开始，到被广告词所吸引，到最后实际地购买商品为止，都会经历怎样的心理变化。

假设在我家附近新开了一家英国料理店。首先，客人会“注意”到在这个地方新开了一家店。然后，客人好几次经过这家店的时候会看一看店铺前的看板和店内的样子（“兴趣”）。随后就会产生一种想要去吃吃看的“愿望”。最后就会实际地去品尝一番（“行动”）。

同样地，对于提供商品和服务的商家来说，也会根据这 4 种心理阶段来吸引顾客的关心，让顾客产生行动，采用相应的广告和宣传。

通过组织语言来作用于对方的心理

此外，AIDA 的 4 个阶段还将 Attention 划分为“认知阶段”，将 Interest 和 Desire 划分为“感情阶段”，将 Action 划分为“行动阶段”，称为 3 个框架。

笔者认为，AIDA 的 4 个阶段和 3 个框架，还可以应用于将自己的思维转换为语言的过程之中。

那么让我们来实际地看一下使用 AIDA 的框架来促使对方产生认知、最终让其采取行动的顺序。以下，笔者将介绍如何和对方尽可能长时间地进行愉快的沟通，以及如何选择话语的方法。

步骤 1　认知阶段：确认自己和对方“之间”关系的话语

首先，要让对方了解自己的存在，需要一些让对方留下深刻印象的话语。同时，还需要表达自己清楚对方存在的话语。

据说，以下 3 类话语会引起人们的注意和关心：

· 对方的姓名：当你呼唤对方姓名的时候，对方就会倾听你的发言。

· 问候：“早上好”“你好”“谢谢”等是开始对话的最

基本的礼貌用语。

· 关切的话语："你还好吗""好久不见""有时间聊聊天吗"。

对于这样的一些话语，我们往往觉得司空见惯。但是在实际生活中，我们常常称呼对方为"部长""老师""先生"等，而很少用姓名去称呼。

在牛津大学、教授们在提问学生的时候，一定会使用学生的名字（first name）。此外，有的学生为了给教授留下深刻的印象，在对话的时候，会有意识地加入自己的名字。

例如："菲利普老师，您好。您最近心情怎么样？波尔最近正在阅读社会学的教材。"（波尔是学生的名字。）

步骤 2　感情阶段：拉近自己和对方"之间"关系的话语

接下来就需要提出让对方感兴趣的话题。在这个阶段我们需要避免那些比较沉闷的话题。最好是寻找一些让双方都感到有乐趣的话题。

· 爱好：对方的爱好，或者容易让对方产生兴趣的自己的爱好。

· 身边发生的事或信息：容易给对方留下深刻印象的事情或信息等。

最好选择最近发生的事情（最近的新闻等），因为人们对新鲜的信息总是更感兴趣。

· 肯定对方的话语：对对方的发言给予肯定的话语。

通过“对，说得没错”“我也有同感”“真棒”“我还想知道更多”等话语，向对方展示出自己的认同。在牛津大学，人们交流时一般会以天气和气候开头。这可能是为了确认在严酷的天气下，彼此仍在努力学习吧。

步骤 3　分享自己和对方“之间”关系的话语

如果对方有什么事要咨询你，那就认真地倾听，并努力识别对方“在需求什么”。

· 对方想要聊的话题：恋爱、家人、希望、将来的梦想等。

· 向对方的话语展示同感的回复：通过“我非常理解”“你一定很辛苦吧”“我也有相同的经验”等话语，展示“感同身受”的态度。

· 附和：认真倾听对方的发言时，对方才会敞开心扉。

步骤 4　行动阶段：推动自己和对方“之间”关系的话语

在和对方的对话不断加深的过程中，最后阶段需要通过话语促使对方采取行动，同时自己也会采取相应行动。这是被称为“Closing”的最后的关键一步，它能让对方毫不犹豫地采取行动。

理由：为什么必须采取行动，为什么必须在这里采取行动。

承诺：明确地约定会面、指导、进餐、约会等的时间和场所。

在牛津大学，学生常常出现学习和研究陷入困境的情况。此时，指导教员的一句简单的话语，就能成为他们的心灵支柱。

Go for it！“加油！”

Keep up the good work!“保持这个干劲儿，继续努力！”

Better luck next time.“下次一定会更好！”

笔者时常铭记通过这些简单的话语给予学生鼓励。

第 4 章

要点归纳

牛津大学所重视的要素

▶ 牛津学子的信条除了“文武”双全之外，还要加上一个“游”字

▶ 将思维转换为语言并表达出来

▶ 养成“自问自答”的习惯

▶ 用“5W1H”进行自问自答时，“Why（为什么）”和“Because（因为）”一定要同时思考

▶ “心理框架转变”有助于构筑良好的人际关系

▶ 牛津大学的教授在向学生提问时，一定会用名字（first name）来称呼

第 5 章

充分运用语言魅力，让对方马上行动起来

For attractive lips, speak words of kindness.
For lovely eyes, seek out the good in people.

要想练就充满魅力的双唇，就要使用温柔的话语。
要想练就可爱的双眸，就要善于发现他人的长处。
（奥黛丽 · 赫本 / 英国女演员）

21. 满足对方内心的话语才能让对方行动起来

在本章前，笔者介绍了“用自己的头脑思考并传达信息”时所必需的“准备”“思考的技巧”以及“构建自身话语的技巧”。

本章将基于这些内容，介绍在向对方传达自己的思考和意见时所必需的技巧。

传达信息时的 4 个前提

要将自己的思考归纳起来传达给对方，有 4 个作为前提的基础条件。随时都能 100% 地将自己的想法和意见传达给对方，并不是一件容易的事。又或许说话人在传达自己想法的过程中无意识间提升了“传达技巧”的门槛。

不论是多么难以表达的信息，只要反复确认以下 4 个条件，就能构筑起正确传达信息的基础。

· 自己都难以理解的事物，是难以转换为语言来表达的。
· 为了高效率地传达信息，需要选择话语。
· 避免使用难懂的话语，尽量选择简单易懂的话语。
· 传达后，确认对方是否正确地理解了。

本书中反复提及，“用自己的头脑思考”这一行为的最终目标是向对方“传达信息”。

人们往往自以为“思考充分、准确地传达给了对方”，并且难以意识到这种“自以为是”。

只有通过和他人的对话，才能意识到自己理解了哪些信息，以及还未理解哪些信息。接下来，才能明确应该向对方传达什么信息。

牛津学子所厌恶的“还要稍微花点时间”和“不久之后”

以知识拓展训练为主，牛津学子每日通过反复进行严格的自问自答，来锻炼“传达技巧”。如果将自己的思考和意见强加于人，就很可能会被人迅速地抓住弱点，陷入窘境。

因此，牛津学子除了学习方面，还会无意识间在日常生活中钻研如何自然地向他人传达信息的技巧，并加以实践。

要掌握这样的传达技巧，并不是什么难事。任何人只需要在日常中稍微下点功夫，就能掌握。

当指导教员询问“指定的书籍需要花多长时间才能读完”时，牛津学子绝对不会回答“还要稍微花点时间”。而是回答“还要花 1 天时间才能读完”。这样的回答包括明确的时间、天数和数量。

虽然“还要稍微花点时间”和“不久之后”等暧昧的表达非常便于回答，但是每个人对时间的理解是不同的，有的人可能觉得是几分钟，而有的人可能觉得是好几天。

使用这样暧昧的方式来表达时间时，可能对对方的工作和学业的推进造成影响，此外还可能因为这件事导致别人对自己的评价降低。

告诉对方："我正在看"

作为在日常会话中让对方心情愉悦的方法之一，就是"仔细观察对方，注意对方的变化"。笔者认为，有不少牛津大学的教员都很擅长这一点。例如，从见面时的表情和举止、声音的音调、关门的方法等可以判断出当天学生的"心理状态"。当注意到对方的变化时，可以温柔地询问一句："你是不是感到疲劳？"或者"是不是发生了什么开心的事？"

任何人都希望他人都给予自己关心。注意到对方的细微变化，以此为契机来推动对话时，对方往往会感到愉悦，而且信息的传达也会变得更加顺畅。

此外，在传达自己的思考时最重要的就是在结束对话时，说话者和听者都能同时体会到"能够畅谈一番，真是太好了"的心情。

如果说话者只是单方面地传达自己的想法，感到自我满足，而没能让听者产生同感的话，那么即使传达了信息，也无法让听者感到满足。听者在听完之后，还可能迅速地遗忘。

关于这一点，牛津学子也可以称得上是"倾听达人"。"传达"和"倾听"并不是"对称"的关系，而是"连续"的关系。当牛津学子想要向人传达什么信息时，"首先会判断对方的看法”，也就是仔细倾听对方的话语和意见，看准时机，再传达自己的想法。如果对话整体为10，那么牛津学子的“倾听和对话”的比例大约为7∶3。

我们不需要一直思考“该传达什么内容”，而是需要掌握“倾听对方话语的技巧”。

“在话语中流露自己的感情”=“满足对方期待的话语”

要进行理想的沟通，必须采用温柔的话语。但是如果自己的话语缺乏感情，就会让对方觉得比较冷漠。

那是我顺利提交博士论文时的事。我为了归还借来的图书而前往图书馆。在图书馆，我看到了还在认真书写论文的同学——依安。我用平时的口吻询问：

“依安，还在写论文吗？”

“对啊，完全没有什么进展，愁死人了……”

“辛苦了，加油啊！ Take care！（注意身体！）”

结束对话，在我准备离开的时候，一瞬间我发现依安的脸上露出了愁闷的表情。

大家对于上述这段对话有什么感想呢？就算我自己觉得是比较富有感情地在询问对方，但是结尾却只有一句“take care”，因此或多或少让依安觉得比较冷漠。

要让话语中流露出自然的感情，最好是让“话语”和“行动”相伴。以刚才的情况为例，最好是向依安介绍一些教育学的文献，或者提供一些自己知道的有益的信息。此外，如果对方愿意，还可以邀请他一起喝茶，这样才能让对方体会到自己的真心。

练习“传达方法”的要点在于，根据对方的反应，在整理想要表达的信息的同时灵活地改变自己的表达。

本章将通过具体的事例来介绍适用于日常会话、发表演讲、辩论等场景下的牛津大学式“传达方法”。

22. 划分时间，吸引听者的注意

重点

· 人类的集中能力存在极限

· 传达信息的 9 个要点

· 使用“3 点规则”

在牛津大学的校内大厅和剧场，每天都会进行交响乐团演奏、戏剧、舞蹈等各种活动和表演。此外，前往伦敦的话，还能体验到正规的音乐剧表演。

演唱会和戏剧根据公演内容不同，短的有 1.5 小时，长的有 3 个小时以上。演奏等活动如果超过 2 小时，中间就会设置 15 分钟的休息时间。

人类的集中能力存在极限

在笔者所属的牛津大学教育学研究生院，博士课程的学生在第一学年必须选择教育方法论的课程。

某一天的课程主题是“人类的集中能力”。从医学的角度来说，通常人类的集中能力为 40~50 分钟左右。而且每隔 15 分钟，集中能力就会产生波动。换言之，每隔 15 分钟，人类的集中能力就会中断一次。

如下所述，人类的集中能力根据状况不同而不同。括号内为平均的集中能力的持续时间（运动的集中能力则是指体力）。

· 听一次新闻（1 分 30 秒）
· 足球比赛的前半场和后半场（各 45 分钟）
· 考试时间（60 分钟）
· 驾驶汽车（120 分钟）

除此之外，据说对于特别需要集中能力的同声传译译员来说，需要每 15 分钟就换一次人。

吸引听者注意的传达方法的技巧

在教育方法论的课堂上，笔者基于人类的集中能力进行了课程设计。

最终得出的结论是：如果教师忽略学生的集中能力，而一鼓作气地讲一大堆内容，学生的学习效果就会下降。

以下，笔者将围绕课程设计的手法，介绍吸引听者注意的传达方法的技巧。让我们假设需要进行 30 分钟对话。

首先，笔者将说明在进行对话前所必需的 3 个步骤。

步骤 1　目的（Purpose）：决定话语的“目的 = 目的地”

明确主张、希望、建议等自己希望传达的信息的目的。

当听者了解说话者的话语的主旨时，就会做好倾听的心理准备。相反，如果看不到对话的目的，就会陷入不安。

例如：“希望继续就读研究生课程”“希望涨工资”。

步 :2　理解（Understanding）：了解听者

如果明确了自己的话语的目的，那么接下来就需要了解听者是个怎样的人。面对不同的人（例如：上司、下属、客户、子女、学生等），我们需要尽可能地提前预测和把握好听者的立场和想法。

步骤 3　方法（Approach）：选择符合对方水准的说话方式

选择将话语目的传达给对方的最佳方法。要实现这一目的，需要根据对方来灵活地调整说话方式，例如：说明、对话、提问方式、交换意见或者是通过图标和文章来表达自己的想法。

（实际传达时的 3 个步骤：前 15 分钟）

步骤 1　传达主题（Theme：1 分钟）：提示目的和所需要的时间

在开始讲话时，就要明确最想要传达的信息。越简洁越好。

例如："以下，我将关于……进行说明。"

此外，提前告知对方对话的大致时间，对方就能更加集中精力地倾听。最好是以 5 分钟为基础单位。

例如："我想花 5 分钟（10 分钟、15 分钟）来进行说明。"

步骤 2　归纳要点（Abstract：2 分钟）：要点的明确化

归纳想要讲述的信息的要点。要点最好分条叙述，这样更便于理解。

"3 点规则"

如前所述，牛津学子为了向他人简明地传达信息，常常用到 3 这个数字。例如，我们常常会听到：“关于……我将从 3 个要点来进行说明”这样的表达。

心理学研究发现，在进行对话时，主题最好设定为 3 点，3 点是最容易让人记住的数量。据说对多个时间进行整理后进行说明的“赫尔帕特法”也符合这一点。

被称为演说家的苹果公司的创始人之一——史蒂夫·乔布斯在进行发言时，一般会列举 3 个要点，然后从这 3 个要点进行分解，来深化讲述的内容。

因此，对于擅长演讲的人来说，如果讲话内容的要点只有两个，为了让避免听者感到意犹未尽，他们会故意增加到 3 个。另外，如果要点达到 4 个，就不容易让人记住，因此应尽量控制在 3 个。

步骤 3　主题的说明（Subject：12 分钟）：看清了对话的主题，就能看清整体的主题

这是传达方法中最重要的部分。将想要传达的内容按照①结论、②理由、③具体事例的顺序进行说明。

例如：①“如果从结论开始说，……”，②“其理由在于……”，③“具体而言，有……”。

（确认已经讲述的内容，加深对方印象的 3 个步骤：后 15 分钟）

步骤 1　要点的归纳和休息（Summary&Interval：5 分钟）

围绕主题进行了一番说明后，稍事休息，再简洁地归纳一次。

“上述内容可以归纳如下……”

由于听者长时间倾听会感到疲劳，因此最好在此时让其休息片刻。

步骤 2　确认（Confirmation & Interval：7 分钟）

确认对方是否准确地理解了自己提供的信息。在此，要给对方发言的机会，让对方用自己的话语来确认哪些点明白了，哪些点还没明白。或者也可以由说话者提出疑问。

例如：“关于……你是如何理解的？”“请说说你的意见。”

步骤 3　延伸（Close & Follow：3 分钟）

明确围绕主题达成了一致和没有达成一致的点以及需要再次探讨的内容等。

此外，在总结时还应该表达感谢的心情，展示出感谢对方的态度，这样才能给人好印象。

根据传达的内容和对方立场的不同，这 9 个步骤所需要的时间会有所变化。可以根据实际情况适当增减。

人类能够集中注意力、倾听对方发言的时间其实很短暂。不论说话者多么热情，如果传达信息的顺序没有规划，就难以让听者理解，甚至让人觉得无聊。

传达方法的 9 个步骤

说话前		
步骤① 目的	步骤② 理解	步骤③ 方法
传达时（前 15 分钟）		
步骤① 传达主题 1 分钟	步骤② 归纳要点 2 分钟	步骤③ 主题的说明 12 分钟
确认、加深印象（后 15 分钟）		
步骤① 要点的归纳和休息 5 分钟	步骤② 确认 7 分钟	步骤③ 延伸 3 分钟

23. “魅力”就是“身体能力”，充分运用五感

重点

· 磨炼语言以外的沟通能力

· 给对方留下好印象

· 充分运用“五感”的方法

因出演憨豆先生而享誉全球的演员罗温·艾金森也毕业于牛津大学。

憨豆先生在喜剧表演中几乎一句话都不说。他通过强调面部表情、动作和各种手势等他独特的肢体语言来自然地逗乐观众。

这叫作“非语言沟通（NBC）”，表示采用语言以外的方法来传达信息，也被称作“身体语言”，具有辅助日常会话的作用。

灵活运用“五感”的非语言沟通

NBC在语言无法彻底表达或者表达微妙的心情时非常有效。此外，有时候我们还会无意识地将其用于拒绝对方或者传达消极情绪的场合。

在欧美各国，NBC在较早时期就已经成为学术研究的对象，人们在沟通学、心理学、行动理论等方面积累了大量的知识。

电影《007》的男主人公——詹姆斯·邦德也毕业于牛津大学。虽然这是架空的故事，但是邦德在学校就读期间主修的就是心理学和法学。在国家层面的首脑会谈中，为了让谈判朝着有利的方向发展，人们会提前研究对方国家首脑所喜好的谈话方式和NBC，并运用于实际的场景中。NBC除了商业谈判以外，最近在很多恋爱指南的书籍中也被人屡屡提及。邦德如此受到女性的欢迎，是否也有NBC的功劳呢?

以下，笔者将介绍充分使用NBC来有效地向对方传达自己的意见和想法的方法。

人类有五种感觉，即“视觉”“听觉”“嗅觉”“味觉”“触觉”，而 NBC 就是基于五感的方法论。

一、视觉

视线接触：直视对方眼睛的时间、闭眼、视线的高低、眨眼等

据说，日本人在对话的时候，平均 3~5 秒就会移开视线。另外，在 3 分钟的对话中，大概只有 1 分钟时间是看着对方的眼睛在说话。

对于习惯在对话时看着对方眼睛的民族来说，一旦移开视线，就会被理解为“对方对自己的话没有兴趣”“现在对方在心里思考其他事情”，进而给听者带来不快感。

如果觉得听者在对话中非常重视视线接触，那么说话者也应当给予相应的回应。

表情：喜怒哀乐的感情

日本民族常常被描述为“无表情”的民族。根据对话的流向，适当地加入微笑、忧伤、共鸣、苦恼等丰富表情，能够让语言表达的效果更加深刻。

二、听觉

倾听的姿态：沉默、静止、点头、笑意、稳定的呼吸等

在对话中，敏锐地观察对方的声音的微妙变化和对话氛围的变化，充分使用“五感”，用身体语言来让对方感受“我正在听你讲话”。

例如，伴随着对方讲话而点头，展示出共鸣或悲伤等姿势和眼神。这就是“倾听”，作为心理咨询时对他人的心情表示共鸣、让对方“敞开心扉”的动作而备受瞩目。

在本书反复提及的牛津大学的知识拓展训练中，笔者注意到指导教授除了给予学生大量建议之外，还会仔细地倾听学生的发言。不管学生如何词穷、不知道表达自我，教授都会安静地等待学生提出自己的意见。

牛津大学教授的这种态度具有高度的科学性。因为人类能够通过“倾听”这一行为让大脑更加活化，激发思考。另外，有数据显示，集中注意力倾听时，人们消耗的能量是说话时的 3 到 10 倍。

因此，牛津大学的教授通过仔细倾听学生的发言来提升自己的集中能力，再将这样的能力作用于教学，形成良性循环。

另外，牛津大学的教授在学生发言的时候，几乎不会进行任何“附和”。这是因为在对话中不断附和的话，就会让对方产生被催促的感觉。

我们可以通过微笑、稳定的呼吸、深深地点头等方式来向对方展示自己热忱的态度和关注。

三、嗅觉

气味：体臭、口臭、老年臭、家庭臭味等

对话中，让听者闻到任何异味都是不可原谅的。尤其需要注意汗臭、老年臭、食用味道强烈的饭菜后的气味等。

由于笔者平时需要和大量的学生接触，所以一直有采取“气味对策”。除了身体的气味之外，还尽量保持随身物品和研究室内的干净，避免给对方造成不快感。

使用香水、在衣服上喷洒除臭剂、预防口臭等是待人接物的基础礼仪。据说最近还有人开发出了可以去除体臭的补剂。

笔者去国外出差时，有购买淡香水和香氛作为伴手礼的习惯。在正式场合、职场、娱乐、运动等不同场合下，可以根据用途来改变香味，以适当地转变心情。此外，还可以从专卖店购买限定版的香水，通过香味演绎出“独一无二”的自我。

四、味觉

饮食：进餐、饮酒、聚餐、对话等

日语中有“同吃一锅饭”的谚语，和对方共同饮食，有助于增进沟通。英语中也有“conviviality（佳肴盛宴）”这个词。

带上朋友去自己常去的餐厅或者亲自做上一道拿手菜——通过这样的方式可以营造出适合对话的舒适氛围。

英国的传统文化之一是狩猎。用猎得的野鸭、兔子、鹿等各种肉类制成的菜叫作“Game”。要度过漫长的严冬，人们需要进食大量含有脂肪的肉类。

那是在牛津大学就读时的第一个冬季所发生的事。我和妻子被邀请参加学院的正式晚宴。

我们二人非常期待当天的菜谱，但是端上桌的却是“鹿肉排”。虽然内心有些抵触，但是吃了一口却发现鹿肉排有种独特的风味。

对于其他国家的留学生来说，鹿肉排可能非常少见，但是英国学生却每年都期盼着吃到鹿肉排。通过一同进餐和随性的聊天，我和同学们的心理距离进一步拉近。

五、触觉

肢体语言：手势、动作、拥抱、接触、牵手等

在对话时和对方身体的适当接触叫作“Touching”。尤其是成长于拉丁文化背景下的人，在对话时习惯轻拍对方的肩膀。

据说日本人在见面握手时，会因为“握手力度太弱”和“没有看着对方的眼睛”这两点而被给予负面评价。

“Peace”手势和“OK”手势在全世界都是通用的。但有时，即便是相同的手势，在不同的国家也会有完全不同的含义，甚至给对方造成不快感。例如，在巴西，“OK”手势就带有侮辱女性的意味。我们最好提前调查一下对方文化中被视为禁忌的手势。

在牛津大学就读期间，我常常和英国友人使用两种手势：Cheerio 和 Touchwood。

Cheerio 一般是干杯和道别时使用的词语，具有祝贺、祝你好心情、希望你好运等含义。其手势是将无名指和中指交叉。

在博士课程的最终口述审查前，结束知识拓展训练后离开教室时，我的指导教授就对我做了这个手势——“祝你好运！”

Touchwood 是在自夸和炫耀或者开了过分的玩笑时，用手指接触木制物品（例如桌子）的手势。在英国，这个于势带有希望灾难不要将降临到自己头上的含义。

在牛津大学就读时，我的同学罗伯特自称工作进展顺利，或者论著受到好评时，就会用手咚咚咚地敲桌子，并加上一句“Touchwood”。

综上所述，基于语言的沟通 + 灵活运用“五感”的 NBC= 提升信息传达效果——希望各位读者能将该公式铭记在心中。

24. 让演讲发表的效果提升 10 倍的方法

重点

· 演讲发表时的禁忌

· 不使用对方无法理解的话语

· 遵守 5W1H 的基础原则

随着个人电脑和 PPT 的普及，人们在日常生活中进行演讲发表的机会越来越多。企业为了进行新商品开发的重要说明而进行演讲发表，学生在学校会进行研究结果的演讲发表，可以说演讲发表的目的各不相同。在不久的将来，学生参加的入学考试等也会迎来重大的改革，而对演讲发表能力的审核可能也会成为重要一环。

演讲发表的 4 个要点

笔者除了平常的授课之外，还会在国际学会等场合进行各种演讲发表。

在牛津大学就读博士课程时，有许多演讲发表的机会。在每次发表前，笔者都会仔细地检查内容，调整 PPT 的颜色和设计，尽量采用新颖的动画效果。

但是，在正式发表结束后，每次询问同班同学的感想时，大家都会给予一些不痛不痒的评价。笔者自认为在内容和排版上都下了很大的功夫，所以听到这样的评价，就会有种失落感。

就在这个时候，一位好友和笔者一起探讨了一下笔者的演讲发表的方法。他给予了笔者非常坦率的意见。笔者清楚地记得，听了他的意见之后，自己是多么愕然。

以下，笔者将回顾一下这位朋友给予的意见。

一、遵守 5W1H 的基本原则，在演讲发表的开头就抛出结论

英语教育研究者开普朗（Kaplan）发现，以英语为母语的人和以英语以外的语言为母语的人在写文章和开展讨论时存在一定的差异。

据说，以英语为母语的欧美人等属于“直线型”，犹太人

和阿拉伯人等闪语族的人属于“平行线型”，而东亚人属于“漩涡型”，总之一共分为 5 种类型。

东亚人在展开讨论的时候，会进入“漩涡型”发言模式，在欧美人听来，这样的发言显得“杂乱无章”，最终也没弄明白在说什么。

因此，我们需要遵守 5W1H 的基本原则，在演讲发表的开头就抛出结论。

在第 4 章的第 18 节中，我们已经了解 5W1H 是由 Who（谁）、What（做什么）、When（什么时候）、Where（在哪里）、Why（为什么）和 How（怎么样）构成，它是一种能够有规划地推进演讲、正确地向听者传达信息的技法。

在牛津大学，当需要探讨研究内容或进行演讲发表时，学生们非常重视 5W1H，他们将最希望传达的观点也就是“结论”在开头部分就明确地提出。

日本人比较习惯于“杂乱无章”型的展开议论的方式，并不适合于英语圈的演讲。

二、在发表时加入动作

欧美人在进行演讲时，往往会加入许多动作。以下是 3 种最基本的动作，供大家参考。

·移动：在讲台上左右前后地适度移动，给听者带来一定的紧张感。

·表情：最起码要有喜怒哀乐。根据发言的内容而使用不同的表情。这样能够明确表达发表者的感情，也能让听者更有代入感。

·表象和示例：通过点头和摇头来表达“肯定”和“否定”，通过握拳来表达“强调”，通过摊开双手来表达“规模”。还可以通过竖起手指来展示数字等。

开普朗提出的母语思维模式

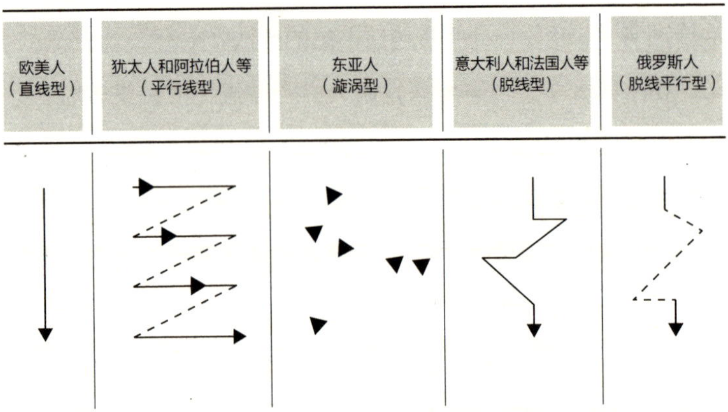

笔者当时进行发表时，几乎全程都是“照读”原稿内容，因此不论内容和 PPT 多么优秀，都会让听者感到无聊。

三、降低听者关注度的坏习惯

如果频繁地重复以下动作，就会让听者感到不快，因此需要特别注意。

· 频繁地接触头部、鼻子、耳朵等身体的一部分。
· 拨弄头发（特别是女性）。
· 玩弄手中的笔或者激光笔。
· 无意义地晃动身体。
· 咳痰、擤鼻涕。

任何人都有一些坏毛病，但是如果让听者感到不快，就可能降低听者对演讲的关注度。笔者就曾经听到过“在发表时，不断摸鼻头”的批评。

四、你的英语没有“错”，只有被当成了英语的一种“方言”

最后一点，非英语母语人士常常会很在意英语的发音、重音、语法等。就算英语发音和重音等存在一定的问题，对于英语母语人士来说，其实并不影响其理解。对于非英语母语人士而言，他们的英语并不是“错误”的英语，而是被理解为英语的某种“方言”。

如果过度追求100%正确的英语，而忽略本章所讲述的要点，就会形成本末倒置的演讲发表。

这或许是我们这些非英语母语者应该特别注意的一点。

25. 通过牛津大学式辩论术来掌握说服能力

重点

· 通过交换意见来加深理解

· 坚持自己的意见

· 培养坚定的内心

牛津大学有不少学生都属于“牛津联合（OU）”这一辩论团体。OU 成立于 19 世纪初期，是一个辩论俱乐部，除了英国的历代首相，如威廉·尤尔特·格莱斯顿、莫里斯·哈罗德·麦克米伦、爱德华·希思以外，还有不少知名政治家参与其中。

笔者也曾多次前往 OU 的辩论大厅。在传统风格的大厅内，学生们相向而坐，围绕准备好的议题，进行“赞成”和“反对”的炙热辩论。

不擅长辩论的日本人

虽然辩论有多种形式，但是一般是围绕同一个议题，分为“赞成”和“反对”两队，按照规定的时间和顺序进行辩论。在辩论结束后，裁判员和观众会根据哪方的辩论更有力来决定辩论的胜负。

讨论是和他人进行对话，在协调的过程中得出结论，而辩论则是需要站在和对方相反的立场上来完善自己的论据。并且只存在“赞成”和“反对”这两个立场，不存在中间的立场。

除了牛津大学之外，世界上还有不少大学都有类似的进行辩论的团体，而这些团体是培养各个国家未来的政治家和商业精英的摇篮。

日本人从小就被教育要“以和为贵”。因此，彻底反对对方的意见，从完全相反的角度来反驳对方的行为都被视为有失礼仪。日本人这种“以和为贵”的倾向，虽然在全世界都受到好评，但是在辩论中却处于劣势。

笔者在前往欧美等国的大学留学前几乎没有接触过辩论，

初次接触时，感到很困惑。

这是笔者在美国留学时发生的事。当时班上同学被分为几个小组，准备进行辩论。老师要求从现实社会的问题中选择议题，笔者选择的是“安乐死”。

在“赞成”和“反对”两队各自发言后，各派一名代表上前，指定对方的一名辩手，用相互问答的形式进行激烈的辩论。

终于轮到笔者发言了。提问的一方对我们队的言论中的弱点发起了猛攻。笔者慌慌张张地应答了几句，总算轮到下一个人发言。此事已经过去了 20 年，但笔者仍然记忆深刻。由于这次辩论中笔者所在的辩论队最终败北，因此笔者决定彻底地研究一番辩论。

随后，在牛津大学留学期间也有过好几次辩论的经历。随着辩论次数增加，以及从擅长辩论的同学那里讨教经验，在掌握辩论的窍门并不断练习的过程中，笔者甚至开始体会到了辩论的乐趣。

以下，笔者将介绍自己的经验以及与辩论相关的基础技巧，供大家参考。

牛津学子的辩论术：将“说明”转换为“故事形式”

据说，辩论起源于古希腊的辩论术等，其中隐藏着欧美人喜爱辩论的原因。可以列举出以下三个原因。

（1）彻底提升议论能力：在推进辩论的过程中，掌握高度的议论能力。

（2）加深相互理解：能够站在对方立场上理解其知识和思维。

（3）掌握提出主张的能力：掌握坚持自己意见的能力。

以下笔者将侧重第三点，介绍从各种辩论术中提炼出来的“牛津大学式辩论术”。

即使使用高深的词语以及专业词语，也无法彻底说服辩论对手和做出判断的观众。将自己的主张转换为浅显易懂的“故事”形式，使用具体的事例进行说明，则会让听者更容易理解。

以下，笔者将介绍 SDS 法和 PREP 法。

SDS 法，当观众的层次广泛、时间充裕、重视故事性时适用的方法。

首先从归纳（Summary）入手，然后进行详细说明（Details），最后再进行归纳（Summary）。

【具体的例子】

Summary“比起晚上学习到很晚，不如早上早点起来学习，这样考试的分数才会提高”。

Details“一旦过了夜里 12 点，就会开始疲倦，无法集中注意力。而且第二天还会因为睡眠不足而感到昏昏沉沉”。

Summary“因此比起晚上学习到很晚，不如早上早点起来学习，这样考试的分数才会提高”。

PREP 法，当观众非常专业、时间充裕，且希望早点知晓结论时适用的方法。

首先从结论（Point）入手，然后叙述理由（Reason），然后列出具体的例子（Example），最后稍微改变一下语言，再次提出结论（Point）。

【具体的例子】

Point“这台 PC 能够让你的时间更充分。”

Reason “因为这台 PC 带有自动翻译功能。”

Example“在自动翻译的过程中，你可以吃饭或者看电影等。”

Point“因此这台 PC 能够让你的自由支配时间增加。”

有时候我们可以通过 PREP 法来开头，炒热气氛后，再换成 SDS 法来加入故事。尤其是在 PRER 法的举例步骤之后，就可以加入 SDS 法了。

避免将“事实”和“意见”混为一谈

辩论越激烈，人就越冲动，发言就容易不经过大脑。但是将自己国家的独特的规范、常识以及个人的经验等作为辩论依据时，这些依据并不充分，而且会给对方反驳的机会。

例如，以下的 A 和 B 的辩论模式就很常见。

A:“这个食物富含维他命 C，对大脑的活化很有帮助。”

B:“具体含量是多少呢？请给出具体的数据。”

A:“这是解决霸凌问题的最好的方法。”

B:“最好是和什么相比呢？你能给出用于比较的其他方法和数据吗？”

此外，当使用“如果”这个词时，在辩论中就会被当作“假设”而遭到反驳。当对方提到“如果”时，就必须马上反驳“这只是假设而已，因此无法回答”。因为如果允许假设的存在，那么辩论就没有终点了。

相反，对于由客观数据和统计等支撑的“事实”，任何人都反驳不了。在辩论中，我们需要反复列举事实来进行细致的论证。

此外，要让自己的论点更有说服力，必须使用“立论的三角形”——①主张得明确好，②事实和数据，③说明理由。

立论的三角形

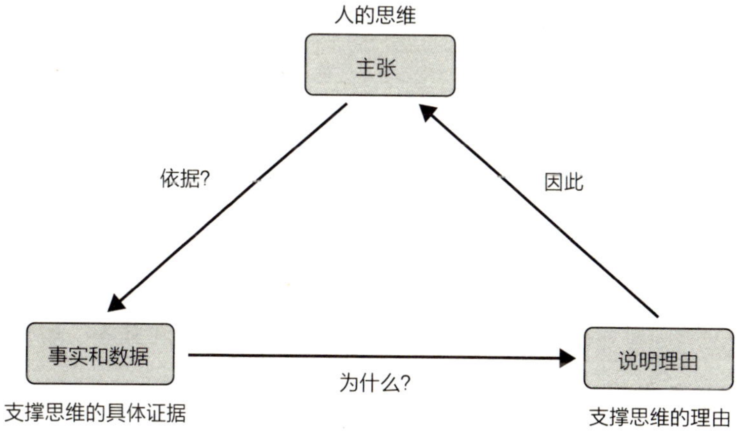

坦率地承认错误

辩论中，有时候会注意到自己提出的论点存在矛盾。这种情况下，最好是坦率地承认自己的错误。但是不断道歉，则容易导致辩论败北。

例如："我承认刚才提到的这部分有误，但是另外的观点却没有任何问题。"这句话就又将新的问题抛给了对方，需要让对方对另外的观点进行反驳。

辩论中处于劣势时，要避免对和辩论无关的他人的人格和外貌等发起攻击，否则很有可能导致辩论中止。

除了上述要点之外，还有以下这些要点：

· 避免极端的表达（例如："绝对""断然"等）。
· 避免冲动（在辩论中太激动而哭泣等）。
· 只陈述主张（不说废话）。
· 享受辩论。

对于亚洲人来说，不少人初次面对辩论时，或多或少都会有些困惑。而重点在于了解辩论的意义，遵守规则，以一种类似体育精神的态度来参与辩论。那么在多次辩论后，就一定能掌握本章所提及的技法。

辩论结束后，就没有必要继续辩论，正方及方应友善言和，期待下一次的辩论机会。

第5章

要点归纳

牛津大学所重视的要素

- ▶ 在对话中避免使用“还要稍微花点时间”和“不久之后”
- ▶ 在对话中，观察对方的细微变化
- ▶ 牛津学子会首先了解对方的看法
- ▶ 传达信息时，重视“3”这个数字
- ▶ 运用“五感”来传达信息
- ▶ 按照“5W1H”，首先抛出结论

第6章

突破隔阂的“反馈技巧”

Watch your thoughts, for they become words.
Watch your words, for they become actions.
Watch your actions, for they become habits.
Watch your habits, for they become character.
Watch your character, for it becomes your destiny.

思维会变成语言，语言会变成行动，行动会变成习惯，
习惯会变成人格，人格会变成命运。
（玛格丽特 · 撒切尔 / 英国前首相）

26. 回顾是朝着下一个目标努力时的食粮

在结束大约为期 4 年的牛津大学的博士课程后，回日本的日期逐渐临近。在笔者小小的书房里，整齐地摆放着留学期间所收集的文献、论文和资料等。在整理这些资料的过程中，笔者不由得感叹：“还真是阅读了不少内容呢！”

同时，笔者也开始担心，在作为研究者的今后的漫长人生中，究竟能够掌握多少知识？又能否掌握将这些知识传达给他人的技巧呢？

牛津学子非常重视回顾

在牛津大学，每位学生在完成毕业论文后，必须在指导教师和同学面前围绕自己的研究主题进行演说。演说通常是公开的，每人演说 2 小时以上，之后还有充足的答疑时间。

演说结束后，大家从研究内容和意义等学术性观点提出严厉的批判和评论。此外，还会就研究过程等提出各种问题。

笔者就被问过“你觉得最难以克服的点是什么？”“你是如何克服困难的？”以及“你为什么觉得应该这样做？”等和实际的经验、体验相关的问题。此外，还有“通过研究，你是否实现了自我的成长”“这次研究对你今后的人生会有怎样的影响”等富有哲学性的问题。在笔者回答问题的过程中，学弟学妹们则在拼命记笔记。

牛津学子在完成一个目标后，除了自己所从事的研究之外，还会通过反省研究的整体过程来反思从中获取了什么，以及能够向后人传达什么样的信息。可以说只有完成这个步骤，才能称得上是合格的毕业生。

这就是“回顾”，它是在朝着下一个目标努力的过程中，作为对他人的良好建议所提供的一种“食粮”。

通过梳理（brush up）来实现下一个目标

“回顾”这个词，源于组织工学。它通常表示个人或集体，通过回顾此前的行动和状况，为实现下一个目标而进行改善的工作。

人们通常认为，回顾具备以下的功能。

（1）掌握面对困难时的把握状况的能力和解决问题的能力。

（2）灵活运用自己的性格和行动能力方面的长处，培养人际沟通能力。

（3）培养抗压能力。

（4）能够意识到团体协作的重要性。

（5）能够从刻板模式中摆脱出来（break through）。

笔者认为，对于本书的目的——“用自己的头脑思考并传达信息”的过程而言，回顾是不可或缺的构成要素。

将自己的思维传达给对方之后，回顾这个过程，然后围绕实际对话中发现的要点以及对方提出的意见进行回顾，就能进一步提升思考能力，梳理沟通中的条理性，并朝着下一个目标前进。

因此，我们应当时常反思“用自己的头脑思考并传达信息的技巧”，基于上述 5 个回顾的功能，让这些技巧进一步深化。

本章中，笔者将围绕其方法进行简单易懂的解说。

通过回顾分析法，让成果可视化

一般而言，回顾具有基本的框架和顺序。

【基本的框架】

（1）目标的设定

（2）实行

（3）尝试将目标和实际的结果进行比较

（4）明确达成了什么（自己的长处）、未达成什么（自己的弱点）

（5）灵活运用上述成果，树立新的目标

【具体的方法和顺序】

（1）每年或者每半年将“现在正在做的事（工作和学习）”或者“新开始的工作”写下来。

（2）在每个项目下，加上“期待的成果、目标、结果”等具体内容。

（3）将写下的信息和数据放在显眼的位置。

（4）半年或 1 年后，将“当时期待的成果、目标、结果”和“实际的成果”进行比较，确认其效果。

下图是一张简化后的表单。建议大家最好能够设置每周每月的详细的目标计划，这样才能明确达成目标前经过了怎样的过程。

由于该表单符合时间轴设计，因此能够明确“达成了什么（未达成什么）”“掌握了什么知识（未掌握什么知识）”。

对目标的回顾

新计划	期待的成果	比较（半年后·1 年后）
提升英语能力	例 1 前往国外的大学留学 →学术英语能力（成果） 在大学里多选修英语授课课程 →达到托福的合格分数（目标） 每 3 个月参加一次考试 → 1 年后，前往海外留学（结果） 例 2 晋升至部长职位 →提升商务英语能力（成果） 希望将来去国外工作 →托业分数突破 800 分（目标） 参加为期半年的特别讲座 →通过晋升测试（结果）	读写方面的分数虽然大致达标，但是听力分数还需要努力。 准备参加国外大学举办的英语补习课程后，再考虑留学。 →托业考了 900 分 →晋升测试合格 →申请国外工作机会

此外，我们还需要同时分析以下要点。

· 反省点（是否存在错误、倦怠、傲慢等情况）。
· 改善点（选择的稳妥性、认识的变化、采取新的方法论）。

如果结果不够完美，还可以将自己后悔的部分也坦率地写下来。

上述只是基础的回顾分析技巧，但有时候我们现在从事的工作的目标等并不明确。

但是只要我们坚持回顾分析，自然而然就能掌握目标设定和分析方法的窍门。

综上所述，对自身的行动进行回顾，就意味着对自己的气质、性格、思维方法、态度、行动等进行深入理解，并让自己认同的过程。

27. 把握状况的能力和解决问题的能力是通往成功的钥匙

重点

· 正确地把握状况

· 磨炼解决问题的技巧

· 突破集体主义式思维

前文提到，回顾的功能之一，就是尽早察觉达成目标的过程中发生的问题和课题，并掌握回避问题和解决问题的能力。

据说擅长把握状况和解决问题的人，做任何事都比别人有更高的胜算。这类人由于容易得到周围人的信赖，因此还具备领导者的潜质。

本书的主题——“用自己的头脑思考并传达信息”的过程中，这两种能力也非常重要。因为，自己的思维是否正确，思考是否充分，在向他人传达信息时是否出现错误等，和这两种能力有密切的关系。

以下，笔者将介绍提升把握状况的能力和解决问题的能力的技巧。

文化人类学者乔恩的“地区笔记”术

在此，笔者将介绍一下牛津大学的校友——英国人乔恩的事迹。乔恩的专业是文化人类学（Cultural Anthropology），在牛津大学就读期间，因为对日本小学的课外活动的研究而获得了博士学位。

文化人类学的研究是通过在自己的研究对象所在的地区居住一段时间，在和当地人一同生活的同时，推进观察，进行细致的记录和分析，来明确人类的行为模式和文化价值的根源。这种研究手法被称为“地区工作”，而实际观察和记录的内容则被称为“地区笔记”。

以前，乔恩来日本的时候，曾经和我的女儿（当时还是小学生）一同去学校上课。在这个过程中，他用敏锐的目光观察人们的言行、教授的细节，并逐一记录到笔记中。

乔恩回家后，我翻阅了他的“地区笔记”。笔记中密密麻麻地写满了观察到的事项。除了见闻之外，他还用各种颜色的笔写下了学术性的解释和他自己的意见等。

虽然专业不同，但是笔者仍然询问了编写“地区笔记”时的注意点。乔恩说，为了尽量客观地整理和分析自己所观察记录的信息，他倾注了不少心力。

笔者认为，乔恩在地区笔记中所倾注的心力就是有助于“把握状况”和“解决问题”的技巧。以下，笔者将进行详细的介绍。

通过“地区笔记”来明确地把握状况

把握状况的能力是指，为了客观地看待事实而尽量收集正确的信息，基于这些信息，对问题进行整理和分析的能力。

那么我们需要注意哪些点，才能避免偏见和先入为主，避开不必要的信息去正确地把握状况呢?

一、正确地记录下观察到的事物

作为把握状况的第一步，我们必须养成将所见所闻尽量详细地记录下来的习惯。这一步看起来简单，但是实行起来很有难度（不少人都有过写日记的经历，但是往往坚持不了几天就放弃了）。

此外，对于无法理解的部分、无法领会的部分，必须亲自调查或者请教他人。

当我们养成这样的习惯之后，就会更容易注意到那些以往视而不见的内容，形成抓住重点、预测和认识各种问题的能力。

这样的习惯还适用于“思考和传达”的行为。建议各位读者在“自行思考和传达”的过程中，编制一次“地区笔记”。

不论是多么细小的事物，都努力地记录下来，并进行调查。在养成这样的习惯后，就能清楚地把握自己的优缺点，并找出在和他人进行沟通时所潜藏的问题点（或者是可能引起问题的点）。

二、区分能力

把握状况的第二个步骤，就是将记录下的内容根据某种形式进行区别和分类。通过“形状”“性质”“习惯”“行为模式”或“是否存在问题”等某种基准来明确地分类，并进行记录。

诺贝尔物理学奖获奖者川崎玲於博士认为，人类的认知能力包括“区分能力”和“创造能力”两种。“区分能力”是运用知识来正确公平地分类和判断事物的能力。而“创造能力”是产生全新创意的能力。

一般来说，人类的有效劳动时间为 20 岁至 70 岁之间。20 岁时，人类的“区分能力”为 0，然后每年增加，到 70 岁时达到 100。相反，“创造能力”在 20 岁时是 100，然后每年减少，到 70 岁时变成 0。

反馈过程的一大要点就在于，灵活运用知识和经验，在把握状况的基础上，磨炼分类和发现欠缺的能力（区分能力）。

IYXW 思维分类法

通过 IYXW 思维进行分类和整理

在阅读乔恩的笔记时，笔者发现有不少字体较大的英文字母 I、Y、X、W，而在其他字白部分则写满了他的分类和整理。

Y 是指分为三类，X 是指分为四类，W 是指分为五类（有时候也会加入 I，表示分为两类）。

为了对收集到的信息进行整理，首先需要进行分类，或者设定范畴。将众多的事项和信息分为几部分，然后选择容易整理的分类基准。如果将每个分类基准视为一个文件夹，那么就将文件夹的名称替换为该分类基准，然后再向文件夹内添加相应的事项。

前文中我们已经提到，为了加深记忆，或者加深他人的记忆，分类的条项最好不要过多。如果采用 IYXW 分类法，就能将内容分类至 3~5 个范畴之内，便于记忆。

【练习：使用 IYXW 分类法】

请对以下的 20 个事物使用 IYXW 分类法进行分类。

橡皮擦、铅笔、指甲刀、笔记、尺子、手机、夹子、橙子、汉堡包、耳机、MD、便签条、马克杯、PC、吐司、手帕、牛奶、灯泡

【例】

I 分类：食物 / 非食物（分为两类）

Y 分类：自己拥有的物品 / 教室里的物品 / 餐厅里的物品（根

据所有方式而分为三类）

X 分类：使用度（高）/ 使用度（中）/ 使用度（低）/ 不定期（根据使用度分为四类）

W 分类：文具 / 保健 / 食品 /IT 设备 / 其他（分为五类）

此外，当信息数量较多，或者信息增加时，推荐使用“文件夹 in 文件夹”分类法。也就是在 IYXW 所分类好的文件夹内，再创建更小的文件夹，并加入相应的信息。这和 PC 及手机的文件保存途径类似，任何人都能轻易地检索到自己需要的信息，非常便利。

希望大家能够将自己的想法按照 IYXW 分类法进行整理，根据实际状况，选择本书所介绍的“语言化和传达方法”来进行实践。

三、把握流行和动态

我们应当通过了解全新领域和研究的流行及动态来把握自己现在所处的状况，进而做出该时间点的最优选择。

例如，某项工程项目可能一直都进展顺利，但由于时局发生了变化，该项目就变得不再必要了。可见，随时掌握流行和动态等流动性的事物发展，才能准确地把握状况，进而选择最优方法来推进工作。

对于研究者而言，有不少用于检索最新研究动态的论文检索系统。例如，在日本国内进行检索时，人们常用“CiNii”这一在线检索系统。

解决问题就是修正“现状和理想之间的偏差”

如果在把握状况的阶段产生了问题，或者在传达自己的想法和意见时出现了困难，我们就必须思考相应的对策。

为了在发生上述这些问题时能迅速地应对，我们必须提前掌握解决问题的方法。

一、修正现状和理想之间的偏差

我们可以将“解决问题”理解为“修正现状和理解之间的偏差”。

也就是说，解决问题的目的是实现“理想的状态”，通过具体的应对方法来实际地修正它和“现状”之间的偏差。

如果按照上述方式来定义“问题”的话，那么可以说我们日常生活的一大半都属于“解决问题”的范畴。

解决问题的方法

现状（问题）	解决问题（工作）	理想的状态（目标）
→孩子的成绩下滑 →无法按期提交论文 →未达成销售业绩 →和同事之间的沟通产生矛盾	→通过补习班等进行提高 →申请延长提交期限 →在部门内部探讨和修正计划 →在正式场合进行沟通，制定规则	→维持和提升成绩 →成功提交论文 →达成目标 →创造理想的劳动环境

二、选择思维灵活的人

在讨论和辩论中产生问题时，即使团队成员都拥有相同的想法并坚持团队的方针，也很可能只会导致问题无法得到解决，甚至进一步让问题恶化。因为擅长解决问题的人很清楚，通往最佳结果的捷径就是让思维灵活的人团结在一起，并让其自由地陈述自己的意见。

打破日本的“纵向社会”

回到刚才的乔恩的话题。乔恩认为，和其他国家相比，日本带有强烈的“纵向社会”的属性。

著名的文化人类学者中根千枝曾在其著述《纵向社会的人际关系》（讲谈社）中介绍过这个词。他认为日本人：①容易形成封闭式的集团；②日本人通过加入工作的年限来论资排辈，非常重视“上下”形态的“纵向”人际关系。

从历史的角度来看，日本是一个自然灾害频发的岛国，再加上农村型社会的发展等复杂要素，因此才形成了以集体主义为优先的纵向社会。

在乔恩看来，“日本的义务教育中，学生通常以‘班级’为单位进行学习和活动，这是为了让学生在进入社会时更容易融入社会吧”。

当然，这对社会来说也是有益的。由于日本社会不强调能力竞争，因此和欧美国家相比，日本企业内部的人际关系相对比较稳定。因此，这样的意识形态有助于拥有相同意见和思维的集团的长期稳定。

但是另一方面，这样的社会在产生创新和革新技术的方面却比较薄弱。在日本，对于年长的有名学者或教授，人们几乎不会提出任何批判性的意见，而在欧美国家，人们却会毫无拘束地大胆提出批判性的意见。

在经济全球化不断推进的今天，比起能力和理论的正确性、更加重视集体的论资排辈的日本“纵向社会”，在创新精神方面已经落后于时代。

每个人都是独立的。即使年龄和思维不同，将相互平等的关系作为前提，创造能够自由发言的环境——这才是通过集体来解决问题时最重要的要素。

在包括牛津大学在内的许多欧美大学里，教师之间（教授、副教授、讲师等）一概互称同事；在相同的学院里，学生都是用名字（first name）来互相称呼的，而没有年纪、前辈后辈、男女之类的区别。

当然，在学会等公共场合，人们还是会使用博士或教授等称谓。但是到了私下，人们就会开始直呼姓名，这样的称呼除了让人感到亲切之外，还能形成放松的氛围，构筑起一个只有同类才能进入的世界。

笔者认为，与之相比，日本的大学教授在处理和同事的关系时，更重视和自己研究室的讲师、助手和学生之间的“纵向”关系，容易形成论资排辈的学术氛围。

28. 磨炼“自我能力”，实现自我成长

重点

· 关注自己的长处——“自我能力”

· 保持积极的姿态

· 将“自我能力”运用于新目标的设定

前一节中，笔者介绍了“回顾”及其主要的效果。其第一阶段就是回顾学习和工作的过程，掌握把握状况和解决问题的能力。

本节将围绕“回顾”的第二阶段，对充实内心、确认自己的长处，并设定新目标的方法进行说明。

每个人都有自己和他人同样认为“优秀”的部分。那么“优秀”的部分一般可以分为：①和“能力”相关的部分，②和“人际关系”相关的部分。

“自我能力”是什么

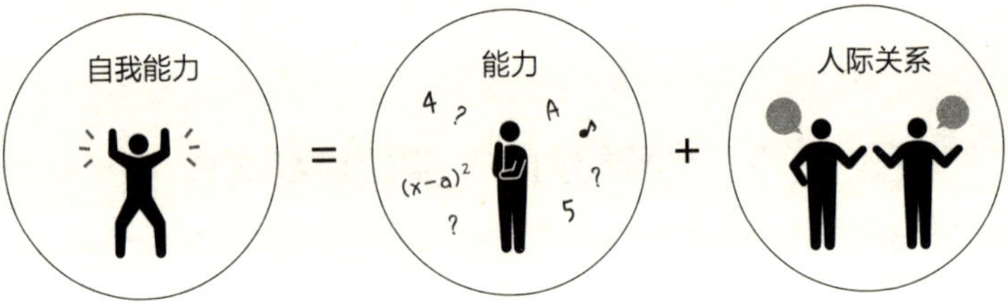

一、和能力相关的部分

“英语的阅读能力”“解答数学问题的能力”“信息处理能力”“设计能力”“演奏乐器的能力”等。

二、和人际关系相关的能力

“沟通能力”“应酬能力”“融入环境的能力”等。

笔者将这两个部分合在一起的能力称为“自我能力”，也就是比他人更优秀，让自己感到非常“自信”的能力。

“普通能力”需要掌握，而“自我能力”需要发现

不论是在学校还是工作中，我们每个人都需要一定的“能力”去完成相应的任务。“能力”可以通过在学校接受教育、在工作中向上司请教、获取职业资格、参加研讨会等方式来掌握。

但是自己生来就有的长处或优势，也就是“自我能力”却无法通过学习的方式来掌握。因为它是天生就具备的能力。因此我们需要通过某些方法来“发现”自我能力。

例如，有的人对于初次见面的人也能很快打成一片。这个人平时觉得这件事并没什么大不了的，因此很难注意到这就是他的“自我能力”。当然，这也是一种让他人感到羡慕的能力。

以下，笔者将介绍“积极反馈（PF）”。

PF 是让人的欲望和能力向良好方向发展的方法。具体而言，PF 是通过给予他人“称赞、评价、报酬、赞成”等肯定的话语和印象，来让对方意识到自己的长处，进而提升学习和工作动力的方法。

我们可以通过以下步骤来运用 PF。

步骤 1：让熟悉自己情况的亲人、朋友、恋人、同事等聚在一起。

步骤 2：制造出让大家能够放松谈话的氛围，最好是选择茶

话会的形式。

步骤 3：让对方坦率地说出对自己的积极评价，然后让其写下来，同时询问其理由。

步骤 4：将列举出来的积极评价对照以往的成功体验和经验（学习、工作、艺术活动、人际关系等）进行思考。

步骤 5：这些积极评价就是“自我能力”。将这些自己未曾意识到或者视为理所当然的积极评价理解为“自我能力”，进而提升自己的自信心。

在我们朝着全新目标前进的时候，首先需要进行 PF，来掌握“自我能力”。

在 PF 中，还会出现“消极反馈”。和 PF 相反，消极反馈是给予对方“否定、批判、惩罚、反对”等消极的话语和印象，让对方减少不适当行为的方法。所以需要根据实际情况，和 PF 区分使用。

灵活运用“自我能力”来确认“成长”

前文中已经提及，为了将自己的思维传达给对方、实现顺畅的沟通，我们需要不断进行回顾。

随着时代的变化，社会意识和价值观在时刻不停地变化，传达信息的方法也不例外。对于时刻变化的社会，如果不改变传达信息的方法，那么不论是个人还是集体，都会落后于时代。

在我们年轻的时候，明明能够轻松地与人沟通，但是随着年纪渐长，却可能觉得沟通很麻烦，或者让人提不起劲。

不管是哪种情况，为了提升思维和传达信息的技巧、提升自我能力（自我实现），我们都必须了解自己的优势，让自己置身于能够做出贡献的环境中，明确自己的“理想”和“位置”，持续推进“成长循环”。

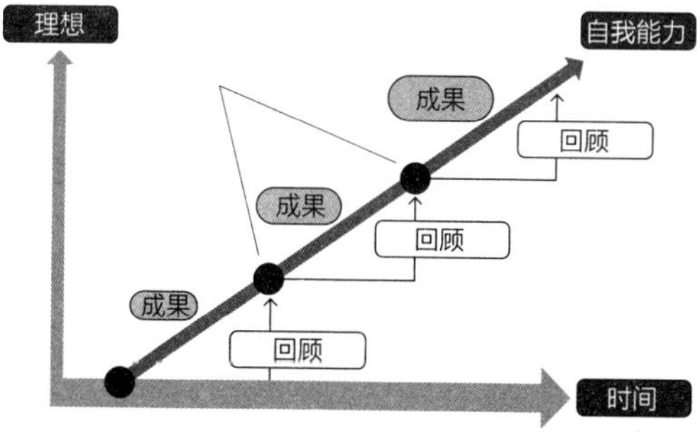

上述图片中的竖轴表示“理想”，而横轴表示“时间”。

最初即使是小小的理想，在达成后，通过不断回顾，随着时间推移，“自我能力”也会得到增强。同时，随着自身“位置”

的上升，我们还能够设定更高的“理想”，并重复相同的过程，来达到更高次元的“自我能力”。

29. 通过压力管理术来提升思考和传达能力

重点

· 意识到压力

· 管理压力

· 让压力成为你的伙伴

在职场、家庭、邻里之间，“压力”是无法避免的存在。既有“工作太忙”“担心孩子的教育问题”“担心老后的生活”等可以自我察觉的压力，也有完全未察觉，最终导致严重后果的压力。

这样的压力也存在于本节所提到的“用自己的头脑思考和

传达之后的回顾”过程之中。回顾在某种意义上，意味着“和自己较劲”。和自己较劲时，我们会产生大量的压力，导致思考能力迟钝，无法进行深入思考，头脑变得不清醒等。

“压力”这个词最早源自物理学领域，是指对物体施加外力，导致其变形。而在医学和心理学领域，它是指由于身心承受外界的压力，而让身心感到痛苦和不快的状态。具体而言，会出现“免疫力低下”“自律神经失调”“头晕”“头痛”“食欲不振”等症状。

根据日本厚生劳动省在2012年进行的调查的结果，压力内容按照降序排列为：人际关系（41.3%）、工作的质（33.1%）、工作的量（30.3%）。虽然男女之间存在差异，但是人际关系确实是压力的主要来源。

牛津大学式“压力管理术”

在牛津大学留学期间，笔者发现由于学生们随时都要面对严格的学术性问题，因此常常处于高压的生活状态。另外，对学生提供指导的教授也会因为讲义、知识拓展训练和对学生的应对和顾虑等而陷入烦恼。

在牛津学子的繁忙的课业生活中，笔者观察到了一种应对压力的普遍方法。这种方法一般被称为“压力管理”。

“压力管理”，如同字面所示，表示巧妙地应对压力的能力。以下，笔者将围绕“压力管理”进行说明。

一、意识到压力

意外地，很多人都未曾意识到自己正在承受压力。首先，意识到压力的“自我认识”非常重要。实际上，这个步骤非常重要，不擅长管理压力的人在这个阶段中往往出现问题，等发现的时候，常常已经发展成比较严重的局面。

在牛津大学，来自各个国家的学生在一起共同学习。即使是和同学进行对话或者聊天等稀松平常的事，也能从中获取重要的信息和启示。

牛津学子平日埋首苦读，几乎不会意识到自己感觉疲劳或者感受到压力。关于这一点，笔者曾经利用课间时间和同学沟通过一次。当时大家都一致认为：在出现以下这些情况时，就必须要多加注意了。

· 即使睡了觉，还是无法缓解疲倦：即使有充足的睡眠，第二天还是无法彻底恢复体力。

· 连简单的事情也开始变得健忘：忘记在图书馆借过书、

在商店买过笔、和朋友喝过茶等日常琐事。

·被周围人提醒：家人、朋友、恋人、同事和上司等提醒道，“你最近看起来很疲倦”。

或许各位读者也曾经历过这样的情况。而这些症状就是压力的信号灯。

二、尽早消除压力

感觉到压力不断堆积，并明确压力的原因时，必须尽早消除压力。

此外，牛津学子有不少消除压力的方法。在此，笔者将介绍一些在日常生活中也能运用的简单方法。

·散步：每天进行大约 30 分钟的散步。散步时尽量去发现一些积极美好的事物。例如“美丽的花草正在望着我”“能够听见孩子们爽朗的笑声”等。通过散步，还能让自己的思维和对事物的看法产生积极的转变。

·读书：牛津学子广泛涉猎各种书籍。有研究数据显示，只需要阅读 6 分钟就能消除压力。哪怕是很短的时间，也建议大家养成每天看看报纸、在上班的电车途中阅读小说的习惯。

·冥想：在牛津大学的校园内，有好几家“瑜伽教室”之类的文化教室，笔者的不少友人都参加了其中的课程。科学研究发现，“进行冥想”和“学习呼吸法”能够增加大脑的灰白质。

·饮食：摄取脂肪含量较多的食物。据说日本人和欧美人相比，肉类和乳制品的消费量较少。有研究称，摄取脂肪能够避免情绪低落。当然，也要避免过量摄取。

除此以外，还有“芳香疗法”和“个人爱好”等方式可以消除压力，另外在“KTV”高歌一曲也是减压的好方法。

笔者由于伏案工作时间太长（现在也在打字！），腰部和肩部常常感到酸痛。因此常常去正骨院进行姿态矫正，来实现放松心情的目的。此外，适量饮酒也可以转换情绪，但是酗酒却会带来完全相反的效果。

如果压力症状过于严重，最好马上前往医院就诊。在欧美各国，许多家庭都有会对精神方面进行诊治的心理医生。在日本，人们感冒时一定会去看内科医生，同样地，心理医生在欧美国家也是极其普遍的存在。但愿心理医生这个职业在压力大国的日本也能得到普及。

三、利用压力

事实上，适当的压力反而能够提高工作效率，还能加快学习的速度。压力并不是一无是处，我们可以把压力理解为达成目标的机会。

让思维变得更加积极

例如，请大家尝试如下的思维转换（请参考第 4 章第 19 节的“心理框架转变”）。

无法得到出色的创意→这是得到出色创意前的准备阶段。

人际关系处理得不好→这是成为人际关系达人前的修行。

工作很无聊→因此还有让工作变得更加有趣的余地。

当工作和学习陷入模式化的时候，我们的大脑活性就会降低，身体机能也可能出现下降。因此我们偶尔可以尝试一些平常没有做过的事。

笔者现在也会和学生们一起尝试攀岩或“嘻哈音乐”，还会从留学生那里学习完全未曾接触过的语言。此外，常常去外地旅行也是个不错的选择。

初次体验往往都和压力相伴，但是初次体验往往也会带来全新的创意。我们可以换一个角度，将压力转换为积极的能量。

一般来说，当压力积累到一定程度时，就会出现思维变得消极、发牢骚、对他人发脾气等情况。如果这些行为导致压力进一步加大，就会陷入恶性循环，永无止境。

2002 年的诺贝尔经济学奖获得者丹尼尔·卡尼曼教授因为人类的“感情”与经济活动间的研究而受到学术界的高度评价。“感情”是大脑活动的证据，是大脑活动的外在体现。

当我们对日常生活抱有不满时，自然而然也会对自身的感情产生影响。因此，平时我们就要尽量保持“感谢”的心情和“感动”的姿态。

只要保持积极的心情，我们的行为就一定能够产生明确的变化。

据说，人类只要克服了压力，今后就不会再为同样的压力而烦恼。

在我们反思自己的沟通行为，不断改善回顾行为的过程中，还需要梳理自己和周围人之间存在怎样的压力，以及应该如何应对这些压力。

30. 突破自己内心的“障碍”

重点

· 了解自己的“障碍”

· 突破

· 灵活运用好奇心

本章是本书的最后一章。通过回顾这一行为来推翻自己内心的“障碍”，也就是通过“突破”来让自己的思维时刻保鲜，并掌握向他人传达信息时的技巧。

牛津学子所面对的内心的 3 种“障碍”

突破往往是指突破难关，或者工作中有较大进展等含义。

对照本书的主旨来看，这个词可以理解为：突破“用自己的头脑思考，向他人传达信息”这一行为的“障碍”，产生巨大的进步，并诞生新的创意。

牛津学子有一个暗默的共识：在获取学位、顺利毕业之前，任何人都会遇上内心的 3 种“障碍”，并走入困境。这对牛津学子来说，是一种无法逃脱、类似宿命一样的存在。

第一，知识拓展训练的“障碍”。

本书已经多次提及知识拓展训练，面对指导教授的严厉的学术问题，牛津学子往往为自身思考能力的极限而感到痛苦。

笔者自身也曾因为指导教授对自己的观点的严厉批判、质疑等而感到极度沮丧，甚至想捂上自己的耳朵，远远地逃离现实。

但是即便如此，学生们还是不得不克服这一障碍。通过知识拓展训练到完成论文和研究为止的痛苦过程，真是无法用言语来形容。

第二，人际关系带来的“障碍”。

牛津大学是全世界的精英汇聚的场所。在和语言及文化背景完全不同的同学进行讨论和辩论时，在知识量、对学习的积极性、和他人进行沟通的方法等方面，时常会产生自卑感和焦虑感。“该怎么做，才能和他人对等地进行交流呢”——这个疑问是笔者在留学期间所面临的一大“障碍”。

第三，面向未来的自己的“障碍”。

牛津大学的学生在毕业后，人们往往期待他们会在各个国家从事具有社会性责任的工作，担任重要的职务，或者发挥指导性才能，相应地也会受到社会各界的尊重。实际上，牛津大学的留学生在回国后，往往会成为首相、高级官员、商业精英等。这样的例子不胜枚举。

笔者才疏学浅，为人处世也尚不成熟，但是和其他优秀的毕业生一样，也同样面对来自未来的这一“障碍”。但是即便如此，在毕业 20 年后，笔者内心也依然坚信：作为牛津大学的毕业生，不能辜负母校和社会的期望，必须克服重重困难和压力。

牛津大学式·突破障碍时的思维和习惯

那么牛津学子是如何突破这 3 种“障碍”的呢？

具体而言，当自己的创意和想做的事豁然开朗、眼界开阔，或者人际关系突然有所好转时，就可以视为“突破”。

突破，是自己想做或者想要解决某件事的意志提升（干劲），为了实现目标而调整环境（构建环境）并进行实践（行动）时，必然产生的现象。

以足球选手为例，首先要有“准确射门”的意识，然后进行相应的身体训练，然后在比赛中实际地射门。

也就是说，突破是在“干劲”“环境”“行动”这 3 点联系在一起时才会产生的现象。可以表达为如下的公式：

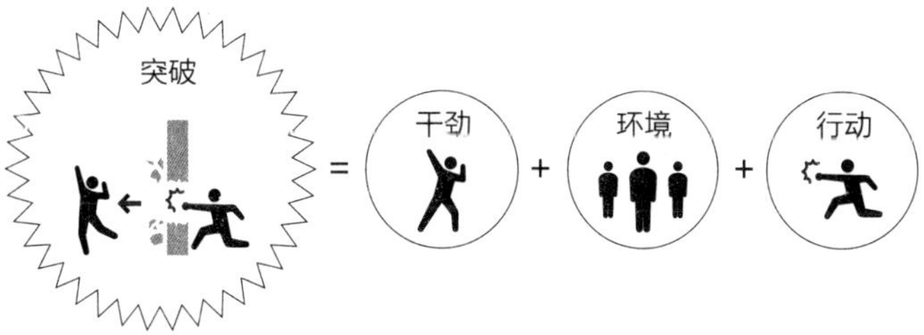

总而言之，不论是研究还是工作，要实现打破现状、产生崭新创意的突破，就必须认清自己内心的“障碍”，以及突破

障碍的边界所在，并保持相应的“意识”，采取相应的“行动”。

此外，我们只需要在日常生活中稍加反思，就能了解并延伸这些“边界”。

以下，笔者将通过两个案例，来介绍牛津学子在进行突破时会有哪些基础的思维、习惯和诀窍。

一、不改变所处环境而突破现状时

·“保持好奇心”：自由的思维和行动会诞生出新的创意。

最近在书店常常可以看到和“好奇心驱动（curiosity driven）”这一主题相关的书籍。“好奇心驱动”是指为了达成目标，通过好奇心来驱动行为的方法论。这和一开始就树立目标的“结果侧重型”方法论不同，它不会树立任何目标，而是从好奇心的角度出发，自由地采取各种行动，来实现产生全新创意的目标。

最近有不少企业也采取了这一方法论，如鼓励员工把工作时间的 20% 用于工作以外的事（称为“20% 法则”），以实现创新。

·“计划中的偶然性”：在看不清未来的时候，才有希望。

前项中我们知道要实现突破，就必须保持好奇心并采取行动。

在我们的思维陷入困境，无法描绘未来的蓝图时，首先我们需要肯定这份不确定的存在，并接受现实。

当我们按照“好奇心驱动”去行动时，就会遇见未曾预想的事情，并从中形成全新的视点和创意。

同时，为了让自己希望发生的偶发事件更容易发生，我们还必须在自己所处的环境中积极能动地改变自己的思维和行动模式。这是由科伦波尔茨提出的“计划中的偶然性”理论。笔者将按照如下顺序对其进行说明。

好奇心→持续性→乐观性→冒险心理→灵活性→好奇心

牛津学子常常陷入考试不及格、无法得出研究数据、无法写出论文等各种困境。

和笔者住在同一栋学生宿舍的美国同学斯蒂夫，将博士课程的第一年完全用于准备实验所必需的器材。虽然时间紧迫，但是他看起来并没有什么紧迫感。斯蒂夫说，进入牛津大学后，除了学业还有太多有趣的事物让他着迷，例如研究英国料理、泛舟湖中、去国内外旅行等。由于这些兴趣爱好，他对研究的厌恶情绪也消失了，心情变得很放松。最终，他在不断尝试新事物的过程中，头脑中开始涌现全新的创意。

这确实是非常符合美国人“随和（easy going）”的性格，而日本人在研究中又过于刻板，或许这一点确实值得学习和借鉴。

当我们受困于现状并且对未来的展望不甚明确时，首先应该接纳这份不明确的存在，充分驱动自己的好奇心，自由且积极地采取行动，这样自然而然地就会产生出新的创意。

二、改变自己所处的环境，并再次尝试

·加深和其他行业及研究领域的人的交流

当我们过于执着于自己所处的专业领域时，就会陷入现有的框架中，失去全局观。这时候，我们可以和那些与自己的专业毫无关系的其他领域的人进行交流，交换意见。

将其他领域中被视为“理所当然”的事，运用到自己的专业中，或许就会有全新的发现。

·尝试着离开自己所属的社会和文化

有时候我们也可以前往其他国家去走走看看。至今为止，笔者前往过多个国家，并且现在也和来自 30 多个国家的留学生通过授课保持着交流的关系。

在多次接触和日本人的思维方式“相差甚远”的习惯和思维方式的过程中，笔者渐渐地获得了一些未曾思考过的想法和思维方式。

自己所处的领域并非就是全世界。只需要踏出这个领域，说不定就会有全新的发现，或者找到划时代的创意。

·欲速则不达的重要性

“人生就是一条道路。最近的道路，基本上也是最难走的道路。”这是英国的哲学家弗朗西斯·培根的名言。笔者认为，这句话也是通往知识边界的道路。而这条路艰难又漫长。

以登山为例。从常识来说，人们在登山时，一般会选择最平缓的坡道。这是考虑到登山者的体力而铺设的山路，但是相应地，这条道路花费的时间也最长。那么离山顶最近的道路是怎样的呢？那就是悬崖峭壁一类的险峻山路。

为了获取出色的创意，而选择看起来是“捷径”的道路时，可能反而会陷入危险之中。而这条捷径可以理解为“过于依赖说明书”或“临时抱佛脚”等行为。

笔者曾经带着研究室的几位学生去爬富士山。从五合目（半山腰）到登顶的这段距离，耗费了最多的时间。相应地，登顶时的感动也是终生难忘的。这件事对我和学生都产生了极大的触动。

希望各位读者能够将上述用于突破的思维和习惯再次浏览一遍。

上述这些要点，其实均未将牛津学子本身的出众或才能作为前提。

甚至可以说，汇聚到牛津大学的学生反而都是一些坚信自己会取得成功，不断锲而不舍挑战的“单纯”的人们。

因此当我们内心遇到什么“障碍”，或者感觉快要撑不下去的时候，可以考虑采用牛津大学式的突破障碍法来寻求突破。

笔者认为，牛津大学之所以能够人才辈出、铸就伟业，其关键就在于这份“单纯”。

反省自身的勇气和旺盛的好奇心或许可以实现你所期待的突破。

第 6 章

要点归纳

牛津大学所重视的要素

- ▶ 将自己的研究成果（工作）传达给后来人
- ▶ 通过回顾来磨炼把握状况的能力和解决问题的能力
- ▶ 构建能够自由对话的环境，通过集体方式来解决问题
- ▶ 将压力理解为达成目标的机会
- ▶ “突破”难关，朝前“跃进”
- ▶ 坚信自己一定会成功，锲而不舍地挑战

结语
描绘你人生的画笔，在你自己的手中

读完《牛津式思考》，你的感想如何呢？

关于沟通，每个人在思维、语言、对话等方面都存在巨大的个人差异。笔者在执笔本书的过程中，一直担心有的读者会觉得内容太难，而有的读者又会觉得内容不够深奥。如果各位能够理解在思考和传达信息时的“注意点”和“基本技巧”，那么本书的目的也算得以达成。

正如本书前言中提到的，牛津大学式“用自己的头脑思考并传达信息的技巧”的本质就是“突破”。即，通过突破妨碍顺畅沟通的内心“障碍”，以及打破自己和对方之间的各种阻碍，来实现每个人生阶段的目标，让自己的人生变得更加充实。这就是本书的主要目的所在。

笔者希望能够向更多的读者介绍牛津大学漫长历史和学问传统中所诞生的、传达信息时的珍贵知识和技巧。随后，又介绍了“用自己的头脑思考并传达信息”是由“准备”“思维方式”“构建符合自我风格的话语”“传达方式”和“回顾”这 5 个循环的阶段所构成。这 5 个阶段的要点归纳如下：

（1）准备——模仿：找到良师，一边模仿，一边寻找自己的风格。

（2）思考——自由：不被任何事物束缚，自由地思考，培养灵活的思考能力。

（3）语言——锻炼：了解语言的重要性，锻炼语言的组织能力。

（4）传达——热情：在重复试错的过程中，保持积极的传达信息的姿态。

（5）回顾——改善：回顾所有的过程，调整自身的状态。

重复这 5 个过程，“在突破的同时实现自我”，这就是牛津学子在沟通中的“匠人精神”。

若有机会，希望各位读者都能去牛津大学参观一次，并感受校园内那神秘而温馨的氛围。这样才能切实地体会到牛津学子的各种能力的源泉所在。也希望在阅读本书后，能燃起各位适龄读者前往牛津大学求学的想法。

无法将想到的内容归纳出来，无法想到合适的话语，不擅长向人传达信息，我们在每天的对话中都会遇到这些烦恼。但是，这些苦恼并非作为孤立的点而存在，而是由一根线串联在一起。

笔者认为，当我们和他人通过这“一根线”联系在一起的时候，就会诞生出“羁绊”。反过来说，如果我们不为对方考虑，不为如何传达信息而烦恼时，就不会诞生出沟通中的“羁绊”，无法实现真正的信息传达。

可以说，我们以往的人生就是由众多的传达信息的“线”所构成的，而这些线也将构成我们未来的人生。

我们每个人的手中都牢牢地握着一支笔，用这支笔，能够画出独一无二的人生。我们不能轻易地将这支笔转交给他人，更不能让他人夺走这支笔。

在本书的执笔过程中，在日本国内外围绕“表达的自由”和“言论的自由”的问题不断加深并受到人们的关注。如公共信息管制、贬低他人的诽谤言论，以及多次发生的来自恐怖分子的威胁。在动荡的世界局势中，我们究竟能够做些什么事呢?

或许就在此刻，我们更能认识到“用自己的头脑思考并传达信息”的重要性。也希望本书能够加深大家对这个主题的理解。

在本书的编写过程中，得到了各界人士的帮助和建议。

笔者衷心感谢围绕“用自己的头脑思考并传达信息是指什么，我们必须具备的沟通能力是什么”，而给予笔者启示的牛津大学的同学和东京外国语大学的学生们，参加笔者的演讲会并提出珍贵意见的各位，以及让笔者的想法得以升华的朋友和家人。此外，还要感谢为本书配上可爱插图的笔者的二女儿冈田奈奈、就读博士课程的 LinWei。

同时，还要衷心感谢编辑本书的 PHP 编辑集团的书籍编辑部的铃木隆先生。从本书的企划到出版为止，笔者和铃木先生的关系就如同足球队的队员一般。运球，传球，然后射门。我们多次交换意见，最终才完成了本书。如果没有铃木先生的协助，本书就不会得以问世，真是非常感谢。

在执笔本书的过程中，笔者的父亲辞世。如果没有父亲支持任性的笔者前往牛津大学求学，就不会有现在的笔者。除了自己的子女之外，对于自己的学生，以及对全世界追求公平教育机会的学生们，笔者希望在教育事业中奉献自己的一生，以作为对父亲的感谢。

人生就犹如那根细线，而描绘细线的那支笔就在我们每个人的手中。不论何时，不论至何时。

2015年3月吉日

冈田昭人